Arithmetic《アリスメティック》
数の物語

ポール・ロックハート＝著　坂井 公＝監訳　中井川玲子＝訳

NEWTON PRESS

Arithmetic《アリスメティック》
数の物語

読者のみなさまへ

物を数えたり整理したりするのはおもしろいことです。私たちはそういうことが好きで，それをフォークアートにまで発展させました。このアートは「算術」と呼ばれます。算術は，コミュニケーションや比較を容易にするための数情報の巧みな整理です。おもしろく楽しめる頭の活動であるとともに，くつろいで遊べる娯楽――いわば，「記号の編み物」といえるでしょう。けれども，それだけのことであるとご理解ください。得意になったところで，特に頭がよくなったり，数学の才に秀でたりするわけではありません。同じように，算術がうまくできないからといって，頭がよくないとか数学的頭脳がないというわけではありません。算術は，ただ他の技能と同じように，得意になりたければなれますが，どちらであっても大ごとではありません。この本を読んで，ご自分で試してみようと思われ，数に流暢になることで得られる単純な楽しさや満足を直接経験していただけたらと願います。さあ，楽しみましょう！

1. 物

私たちは物だらけの中でくらしています。植物,動物,石,木,夜空の星，海岸の砂。莫大な量の物に囲まれているのです。そして，私たちはそれを「数える」のです。いったいなぜ，わざわざ物を数えるのでしょう？　実のところ,通常は数えません。たいがいの場合，注意深く数える必要などなく，「じゅうぶんある」,「ぜんぜん足りない」というような感覚でだいじょうぶです。数える理由は主に比較のためです。次のような比較がよく行われます。「これ全部だと十六ドルぐらいかな……ああ,二十ドル持ってました。大丈夫です」。けれども，近頃行われる売買では，次のような答えは少なくなってきました。「十六ドル七十一セントです。はい，二十ドルお預かりします。三ドル二十九セントのおつりです。ありがとうございました」。それよりも，「ピッ，ピッ，ピッ」とカードで済ませることが多くなりました。たいがい，実際に数える必要は，あまりありません。それでも，自分が持つことになった物の数を正確に知りたいときがあります。どのような物の数を知る必要があり，それはなぜでしょう？

訳者注：本書では，原書でアラビア数字表記のものはアラビア数字，アラビア数字でない数（one,two…など）は漢数字で訳し分けています。

中でも古いものの一つは「時間」です。先史時代の部族らがともに集まり，月の満ち欠けを数えて何カ月か先の予定をたてたり，毎日一つずつ木の幹に刻み目をつけて，狩人たちが何日出かけているかを数えたりしたことを想像できるでしょう。私たちは確かに絶えず時間を気にして把握します。私に言わせれば，気にしすぎ。そして，もちろん，もう一つはお金です。人々は絶対お金を気にして把握しようとします（これはもう，話せばきりがないでしょう）。それから，持ち物についてもそうです。「ぼくのビー玉全部，このビー玉袋に入ってる？」，「ナイフやフォークが足りるといいんだけど」。土地，穀物，家畜，財産。創世記に書かれている七年の飢《き》饉《きん》と七年の豊作。まったくもって，私たちは数えることが好きです！

それに，好奇心から数えることもあります。ただ純粋に知りたくて数えるのです。「天の川にはいくつ星があるのだろう？」「何秒間息を止めていられるかな？」。あるいは，もっと数学的なものも。「この本棚に本を並べる方法は，いく通りあるだろうか？」。

目的や理由がなんであろうと，私たちはそこにある何かがいくつあるのか知りたくなるときがあるのです。このような欲求から，算術が始まったのです。あなたが気にかけない物を数える意味はないでしょう。そんなことは決してしないように。退屈で，数えることを嫌いになってしまいます。実際，算術を嫌う人はたくさんいて（多すぎて数えられないほど！），たいへん悲しいことだと思います。たいていは，興味のない計算をやらされたせいです。あなたはそんなふうにならないようにしましょう。

重要なのは，物があり，私たちはときにそれを数えたくなるということです。実際は，数えるというより，はかる数量もあります。何かをはかる，たとえば牛乳の量，誰かの身長，土地の広さなどをはかるとき，私たちは同意された量，つまり「単位（たとえばカップ，インチ，エーカー）」を使い，そういう単位の数を数えます。区切りがなく継続している物でも，この方法で,分け目のある塊に変えることができるのです。ですから，明確に個別になっている品物を数えることに専念しましょう。

すでに述べたように，数えるということは比較をすることにつきます。好奇心から物を数える場合，たとえば，たまたま三十二セントの手持ちがあったというような場合でさえ，いくら持っているのか「知る」には，あなたの言語で特定の名をもち，サイズの基準となってくれる，ある他の数量（たとえば三十）と比較しているのです。「三十二」というだけでも，無意識のうちにあなたは比較をしています。三人ぶんの両手の指の本数よりちょっと多い，というように。

問題はいつも比較することから始まります。「じゅうぶんある？」，「全部入りきる？」，「前はもっとあったはず。どこへ消えたんだ？」。私たちは量を比較するために数えます。もし物の集まり二つを見ただけで，すぐどちらがより大きい量なのか感じとれる，まるで嗅覚や味覚のような「数覚」とでもいう感覚があったら，すばらしいことでしょう。もしかしたら，感じとれる生き物もいるのかもしれません。ごくまれに，まさにそのようなことをできる人もいます（深刻な神経障害をもつ場合が多いようです）が，たいていの人はうまくできません。おそらく，ほとんどのみなさんは一見して「三であること」を感じられるでしょう。つまり，実際に数えなくても，物が三つあることがわかります。けれども，六や七以上となると少々危うくなってきます。

数量をぱっと感じる能力を試してみましょう。
練習したら上達するでしょうか？

一つ問題になるのは，私たちが，パターン認識をうまくできすぎるということです。脳は，パターン化された情報をとらえるのがとても上手なのです。ばらばらに散らばってしまうと，そうはいきません。六個の物を二通りの方法で置いてみます。

私は六をぱっと感じとることができるとはいえません。左側の場合，数えなくてはなりません。けれども，右側のほうは，

すぐわかりました。この並べ方は，誰もが何度も何度も見たことがあるでしょう。サイコロを振ったとき，出た目を数える必要はありません。このような形は一目見ればわかるのです。

ですから，数えたい物がある程度整理されて並んでいると助かります。部屋中にばらばら散らばっている，ごちゃ混ぜの物を数えたい人はいません。その理由の一つは，数えるという行為が記憶と時間感覚に大きく頼っているからです。「どれとどれを数えたんだろう？」。誰でも，数えている途中で数がわからなくなってしまったという，嫌な思いをしたことがあるでしょう。どこまで数えたのかわからなくなって，また数えなおさなくてはなりません。もしかすると，これは人類が最も共有している経験の一つかもしれません。誰もがみんな，本当のところ，一度や二度数を数えそこなったことのある人なのです。数える物がどれも同じ姿だったり，上下逆さでめちゃくちゃに散らばっていると，どこまで数えたのか覚えているのは，特に難しくなります。

とはいえ，きれいに整理されていても，数えている途中で数がわからなくなってしまうことはあります。私たちは退屈な繰り返し作業があまり得意でない，というのが真実なのでしょう。その手のことに，私たちはただ集中していられず，ほかのことに気がそれてしまうのです。たぶん，私たちは頭がよすぎて，いろいろ興味をもちすぎるのでしょう。

ということで，私たちには，五以上の数を即座に感じとる感覚がありませんし，めちゃくちゃで整頓されていない物が苦手です。それに，うっかり別のことを考えてしまったり，単純な，極度につまらない繰り返し作業を正確にできません。では，どうしましょうか？　こうして，技術と科学が考え出されました。パターンを探し求めようとする精神を活用し，創造的でおもしろい，うまく数える技能を発達させるのです。

小石の個数が偶数なのか奇数なのか，
どう並べたら簡単にわかるでしょう？

2. 言語

一つの考え方として，数えるとはある集まりの多い少ないをはかることだといえます。これは，物がどう整理されるかということと，その物の数は，無関係であるという認識を意味するものです。七個のビー玉をポケットに入れて，どれだけ揺らしても，その数には影響しません。ポケットから出して数えれば，やはり七個のままなのです（割れてしまうほど強く揺さぶらず，ポケットに穴が開いていなければ）。私たちは精神発達の途中でいつしか，この「数の不変性」を覚えます。すなわち，その集まりをどのような形に整理しても，私たちが興味をもっている情報，つまり，その集まりにいくつの物があるのかという情報を損なうことはないのです。

これは，比較的楽に手で持てる物，運べる物，動かせる物（たとえば，ビー玉，コイン，ジェリービーンズ）なら，どれもうまくいくでしょう。けれども，数えたい物が大きかったり，遠くにあったり，さらに難しいことに，動いていたりするような，不便な場合も多いのです。さらに，ちょうど時間の場合がそうであるように，数えたい物が，はかなく消えてしまう物のときもあります。

このような場合，もちろん，私たちは代用品を用います。実際に数えようとしている物のかわりに，もっと数えやすい何かに置き換えるのです。その状況を何かで「表現」し，かわりに使います。

この考え方がいつ始まったのかはよくわかりませんが，洞窟壁画や彫像から，人類が非常に長い間，ある物を他の物によって表現してきたことが，はっきりわかります。

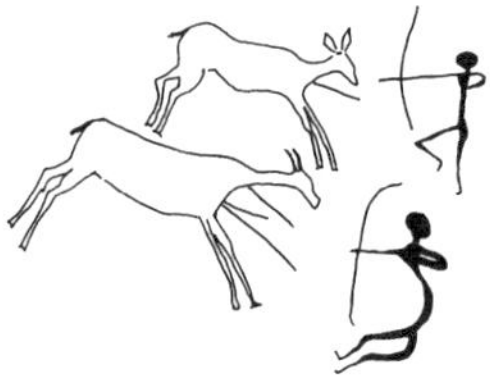

ほかの動物がこのような行動をとることもありますが（霊長類のジェスチャー，ミツバチの8の字ダンスなど），人間が行う代用ほどのレベルや頻度の高さに近いものはまったくありません。人間はこれをしばしば無意識のうちに行います。言語自体は，そのような代用品が相互に関連してつながりあった巨大な集合体にすぎません。そして，そこで使われている代用品というのは，同様な知覚経験を表現する単語です。表現することは，意識することの基本的構成要素の一つであると言っても間違いないでしょう。

実際，私たちは表現をつくることが上手すぎて，表現とその物自体との区別がごちゃごちゃになってしまうことがよくあるのです。たとえば，catという言葉は三つの文字のつながりです。尻尾も鳴き声ももっていません。この文字のつながりは「記号」で，尻尾と鳴き声をもつ物を表しているのです。『ロミオとジュリエット』のジュリエットはこう自問自答しました。

名前ってなに？　私たちがバラと呼ぶものは，
ほかのどんな名前で呼んだとしても，同じように甘い香り。

特に，算術の体系をつくりはじめるとき，数とその表現との区別をはっきりさせることは重要になります。多くの人たちが，これをごちゃ混ぜにして考えていますが，みなさんにはそのようになってほしくありません。

とにかく，ある時（仮に二十万年前頃としておきましょう），人々は物を他の物で表現しはじめました。これによる利点の一つは，「持ち運びやすさ」です。私の羊を小石を使って表せば，簡単に袋に入れて運ぶことができ，羊そのものを連れ回すことなく，羊の群れの売買をして数を管理することができます（私の体が楽になるだけでなく，羊たちもこのほうが楽でしょう）。貨幣がこのようにして生まれたことは疑いありません。同じように，アメリカンフットボールのコーチは，XとOを使って選手を表した図で，体が大きく動かしづらい本物の選手を立たせることなく，その記号を動かすことができます。

原始人が重要な数の情報を伝えたいとき，たとえば，水場で何頭のカリブー，あるいは（おそらくもっと重要な情報だと思いますが）何頭のライオンを見つけたかを伝えたいときは，各動物の数と同じだけの，小石や木の実など，持ち運びしやすい表現になる物をさっと集めて，文字通り手にその情報を持って戻ったことでしょう。これこそが数というもの，「情報」です。そして重要なのは，カリブーを小石に置き換えても，その情報が変化しないということです。けれども，情報の持ち運びやすさは変化します。だからこそ，そうしたのです。言語（とりわけ算術）の歴史は，より抽象的で動かしやすい代用品への歴史です。実物のカモシカから，カモシカの絵へ，小石や棒や指へ，骨に刻む印へ，口から発する声（つまり言葉）へ，そして，抽象的な記号へ。

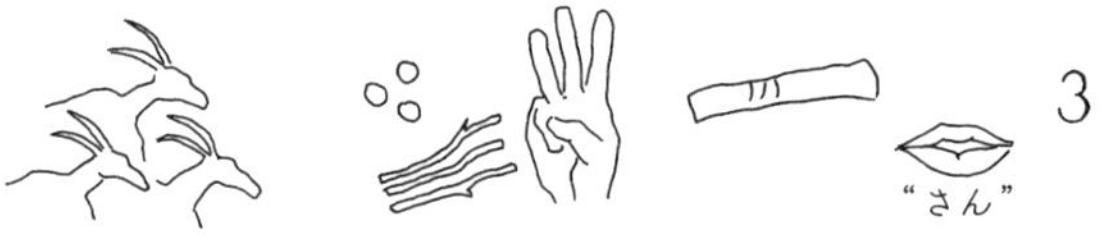

言語の進化において，このような発展はどれも，情報の説明と伝達が必要だから生まれたのでしょう。特に数学は，説明のための技術形態で，結局のところ，パターンや考えを説明するための「情報媒体」として全体の構造が築かれました。なかでも数は最も基本的な数学情報です。

さて，この本では算術の物語についてお話しするわけですが，その大部分は，表現の歴史，つまりは数の情報を整理したり伝えたりするさまざまな選択や工夫についてということになるでしょう。そして，この物語の中では終始，数それ自体と，それが表現されている方法をはっきり区別するよう心がけることが重要になります。猫のような具体的な物ならまず難しいことはありません。C，A，Tの文字をなでる人はいないでしょう。けれども，数はもっと油断ならない相手です。三という数と，数字の３が合致していることはわかります。３が，三という数を表すただの記号であるのなら，その表現から独立した三そのものとは何なのでしょうか？　猫を抱いてなでることはできますが,三をどのように感じ,さわることができるのでしょうか？

もちろん，希望や愛のような抽象的な考えほど難しくないかもしれません。少なくとも，三個のオレンジや三本の羽根を手に持つことはできるのですから。それでも，三という，集まりの特質は，少々つかみどころがなく，はっきりしません。いずれにせよ，三ということには，それを表現するものからは独立した，特質と事実（たとえば，奇数であるとか）があります。

とりわけ，あまりなじみのない表現の仕方について考えようとするのなら，この区別を明確にすることが肝心です。たとえば，アラビア数字で13と表現される数は，１で始まり３で終わるわけではありません。数というものは，始まったり終わったりするものではまったくなく，ただ「存在」しているのです。アラビア数字の十進法による表現に始まりと終わりがあるため，そのように見えてしまうのです。十三はさまざまな特質をもっています。素数であり，二つの平方数の和（具体的には四と九）であり,奇数です。けれども,姿は見えません。私自身は,数を，さまざまなにふるまうある種の生き物と考えるのが好きです。この考え方は数と戯れたり，取り組んだりするのに役立ちます。数が，特定の目に見える姿をもっていると思い込むようなことはしたくありません。むしろ，数が成す形というのは私次第で，数をうまく表現するか，まずく表現するかは，私たちの選択次第なのです。

数量を表現する方法のなかで，私のお気に入りはいくつもの小石を想像することです。すでに触れたように，その集まりの大きさによって，目に見える置き方は数えきれないほどあるでしょう。より整理された方法（覚えやすく認識しやすい）もあれば，そうでない方法もあります。

小石1個から12個までの，あなたが好きな
並べ方はどんな方法でしょう？

たとえば，サイコロの目の並び方は，とても単純で覚えやすいです。

（ところで，サイコロの五つ目の並んだ形はquincunxと呼ばれています。めったに使われない言葉ですが，せっかくの機会なので，この呼び方を紹介しようと思いました。日本語では通

常，五つ目型あるいは五点形と訳されます。)

私たちの伝達したい数が常に一から六までだけであれば，たとえばサイコロを一つ使うと，サイコロの目の並び方は完全に妥当で便利な数言語になるでしょう。指も同じです。もしある人(たとえば審判)が，片手の指二本を立て，もう片方の手の五本の指全部を立てたら，誰もがその指のパターンは七だとすぐ認識することができます。知的な数の表現体系をつくる際の本当の問題は，数量が大きくなったときにどうするかです。そして，これから見ていくように，単に指が足りなくなることだけが問題なのではありません。記憶が追いつかなくなることが問題なのです。

1から20までの数を，片手の指だけ使って
表現する方法を考え出せますか？

3. 繰り返し

数を表現する最も古くて簡単な方法は，間違いなくタリーを使うことでしょう。タリーとは，線や引っかき傷の印を続けて記す方法で，数える対象それぞれに一つずつ印を記します。たとえば，四なら，||||と表現します。タリーの最古の例として知られているのは，紀元前一万八千年のイシャンゴの骨です。

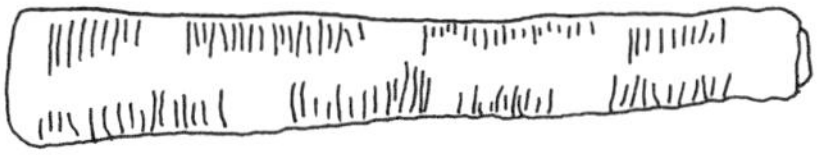

何を数えたのかははっきりわかりませんが，何かの記録であったことは明らかです（もちろん，この引っかき傷が，ただの暇つぶしか，単なる飾りだった可能性もあります）。とにかく，人類は太古の昔から，この方法で数を表現してきました。

タリーを使う方法はさまざまな要素から成り立っています。まず，整理されています。数えたい物がめちゃくちゃに散らばっていたとしても，それを，ほぼ同じサイズの棒を用いて，等間隔で規則的に並べることで，数えやすくしています。これ以上単純で自然にはなりえないのではないでしょうか？　これは，多くのゲームで得点を記録するために使われる伝統的な方法で，また，監獄の中で日数を数えるためにも長年よく使われてきた方法です。タリーは単純で持ち運びが容易で便利なのです。

しかし，いつものことですが，数が大きくなると問題が出てきます。小さな数量（五以下など）では，簡単にこれらの表現を識別し，ぱっと認識して数量を比べることができます。四を表すタリーの棒を一本ずつ数えないとわからない人はいません。一見して四であるとわかります。けれども，すでに述べたように，もっと大きい数になると，こうしたことができなくなってしまうのです。タリーを使う方法は，単純で簡単ですが，この「認識問題」を解決することはできません。

||||||||||||と|||||||||||では，どちらが大きいでしょう？

この表現を改善する方法はたくさんあり，世界で最もよく知られているのは，四本の縦棒に一本斜めの棒を書く，五本棒の門（five-barred gate）と呼ばれる方法です。この方法は（有史前から使われていて），五本ごとに斜めの棒を引いて一組にします。たとえば，十三は次のように表現します。

斜めの棒が，単調な連続に区切りをつくり，一つの数量を別の数量から簡単に区別できるようにしています。タリーの印は五つごとの小さなグループにまとめられ，一グループごとに五本棒が牧場の門のような形を成しています。ぱっと見ただけで，

「手の五本の指」二つぶんと，「残り物」三つだと認識することができます。このように表された二つの数量を比べることはとても単純です。門(あるいは手)がより多いほうが大きいのです。もし両方とも同じ数の門があったら，残り物を比べます。単純で簡潔な方法ですから，たいがいの人には学ぶのも使うのも簡単です。

𝍸 𝍸 𝍸 |||と𝍸 𝍸 𝍸 ||では，どちらが大きいでしょう？

これは，「グループ化」として知られる，算術のとても一般的で重要な手法の例です。記号の繰り返しが長々と続くと，認識するのも記憶するのも，そして比較するのも難しくなります。ですから，決まったグループサイズの小さい塊に分け，それを何らかの方法で示すのです。そのために言語は少々複雑になりますが(新しい印か言葉などが必要になるからです)，まずほとんどの場合，やる価値があります。これと同じ考え方が音楽でも使われ，長い拍子の連続はリズムパターンにグループ化されます。私たちにとって自然な行いなのでしょう。

グループ化を行う主な利点の一つは，時間の節約です。認識や比較を容易にするだけでなく，数情報を速く正確に伝えることを可能にします。

いったん物をグループにまとめると決めたら，まず最初に考えるのは，どのグループサイズにするかということです。たとえば作曲家は，リズムの拍子をどう分けて何拍子にするのか決める必要があります。たくさんの種類があり，たとえばワルツは三拍子。タンタンタン，タンタンタン。他によく選ばれるのは，二拍子，四拍子，六拍子，八拍子，それから十二拍子などのパターンです。

同じように，算術をする者は，数えたいと思っている当面の問題に便利なグループサイズを選ぶのです。数言語全体，つまり言葉や記号や計算器具などは，この選択を考慮して考え出され，それぞれの民族文化の一部となります。たとえば五本棒の門のタリーを使う方法は，五という数に重きを置き，この特定の数量を他の数量より「しっかり」「すっきり」した数だと感じさせます。残り物を好む人はいません。不快で半端に思えるし，わざわざ覚えて管理しなくてはならないめんどうで細かいことに思えるのです。「手四つぶん」と言えたら，「手三つぶんと（文句をぶつぶつ言いながら）残り物二つ」と言うよりもずっと気持ちがよいものです。

もちろん，それぞれのグループサイズはまったく任意で，それを使う人たちの選択次第です。五という数はとりわけ特別なわけではありません。たまたま私たちの片手の指の数と同じだったというだけのことです。何世紀もの間，人々はいろいろな状況で，さまざまなグループサイズでグループ化を行ってきました。今でもさまざまな言語で使われている数の言葉に，その選択の名残を見ることができます。「ダース」を意味する英語のdozenやドイツ語のdutzendという言葉は，十二でグループ化が行われた歴史を見せてくれます（今でもアメリカではインチ単位を使ったり，卵を12個でパック売りしています）。また，「二十」を意味するフランス語のvingtや英語のscoreは，大昔二十がグループ化に使われた名残です。

好奇心が豊かで簡単に退屈する（間接的に，この好奇心と退屈しやすさが科学技術や芸術を発展させたわけですが）ということを別にしても，人間にはもう一つ大きな特徴があります。私たちは「怠け者」です。大量のタリーの印を記すのはうんざりで，そんなことをしないで済む方法を見つけたがるのです。その解決法は「省略」です。これこそ，私たちがいつも言語を使う方法なのです。同じことを何度も何度も言おうとするときはいつだって，新しくもっと短い言葉を考えます。書き言葉でも話し言葉でもこれは真実です。

どこかの（仮に，古代ギリシャとします）牧場の羊飼いになったと想像してみてください。私は，夜のうちに私の羊が何匹狼に食べられてしまったのか，みなさんに伝えたいとします。そして，私たちのつくりあげた体系（要するに言語）では，失った羊の数だけ二本の棒を叩き合わせることになっていると仮定します。ちょうど，タリーの印が延々と続くのを見るとうんざりしてしまうのと同じように，私たちは，同じ音が長々とくり返されるのを聞き続けるのも苦手です。そこで，一つの案として，違う音を使うことが考えられます。たとえば，もっと低

い音を，五のグループを示すために鳴らします。まるで，𝍸𝍸𝍸||と書いたように，ドン・ドン・ドン・トン・トンと叩けば，時間も体力も節約できるでしょう。

同じように，一日中，五本棒の門の印を記し続けるのに耐えられなければ，省略記号を新しく考え出すことができます。たとえば，水平な横棒—，これをもっと時間のかかる𝍸のかわりに使います。そうすれば，上に書いた数は，ただ———||と記すことができ，≡||と記すことすらできます。こういうことを，人類は行ってきたのです。私たちは怠けたり退屈したりしますが，だからこそまた，知性や創造性を使い，仕事をやり遂げる賢く新しい方法を考え出すのです。ある意味，私たちはみんなトム・ソーヤーみたいなのでしょう。必要は発明の母かもしれませんが，退屈はきっと発明の父なのです。

言葉なりジェスチャーなり記述なり，どのような方法で数を伝達したいのであろうと，繰り返しやグループ化や省略は自然な言語的手段です。

では，私たちはどのようにして，ちょうどよいグループサイズを決めるのでしょうか？　どのような理由をもって，あるグループサイズが別のグループサイズよりよいと判断するのでしょうか？　もちろん，何を数えているのか，誰に伝えたいのかによりますし，最も重要なのは，数がいったいどこまで大きくなるのかによるということでしょう。

もし，ほんの小さな数（たとえば，自分の持っているビー玉）

を数えるだけならば，グループにまとめて整理するかどうか，どのグループサイズにするかは，たいして重要ではありません。いっぽう，もしあなたが取り組む数がとても大きければ，適切なグループサイズを選ぶには少々考えるべきでしょう。

もしあなたがとても小さいグループサイズ，たとえば二や三を選ぶと，グループ化をする意味がまったくなくなってしまいます。五本棒の門でさえ，数がある程度大きくなると，グループがどっさり必要になります。ぱっと見ただけでは，いくつのグループがあるのかわからなくなってしまうことでしょう。「より高レベル」の認識問題を経験することになるのです。次の図で，どの集まりがほかのどれより大きいのかすぐにわかりますか？

明らかに，門のマーク自体をグループ化して整理することが必要です。ここで，おもしろい選択があります。それぞれの門マークは個々の物五つのグループです。私たちは五をグループサイズに選んだのですから。ところが今度は，門マーク自体がたくさんになってしまいました。前と同じ理由（感覚と比較）から，この門マークをグループ化して整理したいのです。どのようにまとめるべきでしょう？　また五つずつ，それとも別の

数でグループ化するべきでしょうか？

たとえば，門マーク四つを一つのグループにすることに決めたとします（門マークが片手の指の本数なのですから，人の両手両足を合わせると片手四つぶんに相当する指があることになり，これは自然なことと考えられるでしょう）。門マーク四つぶんを表すのに，よい印かもしれないのは正方形□（四つの角が，四つの門を連想させてくれますから）。これで，大きな数をもっと容易に書くことができるようになります。□□□𝍸𝍸||

大事なのは，どのような繰り返しの体系でも，数が大きくなると，新しい言葉と記号が必要になってくるということです。次の「感覚の壁」に出くわして把握しづらくなるたびに，グループサイズとその表現を決める必要が出てくるのです。長い歴史の中で，何百もの創意工夫に富む独自の体系がつくられました。とても単純で簡潔なものもあれば，奇妙でめんどうなものもあります。いくつか私のお気に入りの例をご紹介して，そのさまざまな可能性に気づいていただくことにしましょう。

独自の繰り返しとグループ化の
体系をつくることができますか？

4. 三つの部族

有史以前の時代を想像してみましょう。仮に三万年前のナイル川地帯にいることにします（こうすれば，でっち上げをしても，事実と異なることを心配しないで済みます）。三つのグループの原始人が暮らし，お互いにやりとりしているところを思いうかべてください。それぞれの部族が，各々異なるグループサイズを選んだ独自の数言語を使っています。

まずは，「手部族」から見ていきます。この部族では，片手の指の本数，つまり五が，通常グループサイズで，ちょうど五本棒の門マーク体系と同じです。言語が発達する前の社会なので，手部族は手を使うジェスチャー体系で伝達を行います。一はパンと拍手一回，二は拍手二回というように。拍手五回は，拍手四回と区別するのが難しいとみなされ，五は一つのグループにまとめられ，これは握りこぶしで胸をドンっと一回叩くことで示されます。ですから，私たちが七と呼んでいる数を伝えるジェスチャーは，ドン・パン・パン。手部族は，コミュニケーションに使う話し言葉も書き言葉ももっていません。

手部族の言語で20を数えることができますか？

二番目は「バナナ部族」です。このグループは数を口頭で表現します。一を意味する言葉は「ナ」，二は「ナナ」と続きます。バナナ部族は四でグループをつくり，四のグループ（一房）を表す言葉は「バ」です。ですから，七という数はバナナ語で「バナナナ」となります。

当然，このバナナ部族が，隣の地域に住む手部族と会話をしたければ，二つの体系の間で通訳をしなくてはなりません。バナナ部族の商人は両方の体系をうまく使えなくてはならず，意図的に学習したり，（おそらくより多くは）単に毎日使いながら覚えたりします。そして，ドンっと胸を叩くのを見れば即座に「バナ」のことだと，おそらく無意識でもわかるようになるのです。

バナナ語で十二まで数えてみましょう。

三番目のグループは「木部族」です。この部族は数の伝達を，口頭でもジェスチャーでもなく，記述で行います。ここでは，樹皮に引っかき傷をつけて記述することにします。グループサイズは七で，最初の六までの数の記号はこのようなものです。

さて，私自身は最後の二つがちょっと紛らわしいと思います。ぱっと見ただけで六を認識できる自信がないからです。けれど

も，木部族の人たちは認識できることにしておきます。

このような表し方を無限に続けることはできませんので，当然この人たちは七のグループに特別の記号を考え出すことになります。それは,木と呼ばれるこの記号「⍋」です。木部族の人々にとって，七はとても特別で神聖な数でした。きっちりした信頼できる数で，じゃまな残り物がありません。もちろん，木部族の人が，情報(やバナナ)を他の部族と取り交わしたいときには，三つの体系間の流暢な通訳が必要となります。

ここではっきり言っておきますが，この(かなりおおげさと認めざるを得ない)仮想時代の人類の歴史を私が選んだのは,ある重要事項を示すためです。数情報の巧みな整理しなおし,とりわけ異なるグループサイズ間の通訳こそが，算術の精神と本質であるということです。

ご想像通り，この三部族はそれぞれ独自の文化的規範や考え方をもち，グループサイズも例外ではありません。人々が四の数でグループ化する世界で育つと，その数にある種の神秘的で感情的な重要性を感じるようになります。記憶が芽ばえる幼い頃から,人々が次のように数えるのを聞いていたとします。ナ，ナナ，ナナナ，バ，バナ，バナナ，バナナナ，ババ。そのリズムはあなたの骨の髄まで染み込み,その結果,ババはとてもしっかり安定して理解しやすい数量のように思え，いっぽうでババナナのような数は不快な半端なものに感じられるようになるでしょう。

これはまさに，たとえば，私たちの多くが十二のような数に感じることです。実際，twelveという言葉は，「二つ残り」という意味の古代チュートン語の言葉からきています。これは，十二という数固有の特質によるわけではなく，単に私たちが十単位でグループをつくることに慣れているからです。そして，私たちが使う数の名前すら，十単位のグループにもとづいています。たとえば，「四十六」というとき，実際私たちは「四つのグループと六つの残り物」と言っているのです。

これは私にとっては不運なことです。数やその特質，あるいは算術とその歴史について話したいというのに，そのために使う言語自体が，すでに特定のグループサイズに偏っているのです。ですから，視点《パースペクティブ》の問題が発生してしまいます（遠近法《パースペクティブ》の絵の描き方を教えることを連想してしまいます。遠近法を教えるために描く絵自体が，遠近法を使った絵なのですから！）。

そういうわけで，みなさんには，どのようなグループサイズの考え方もほかの考え方と同じようによいものなのだと，寛容に，できる限り「多文化的に」なっていただく必要があります。特に，何もかも自分が慣れている（みなさんの言語ならば十にもとづいた）言葉に変換したくても，できるだけ，そうしないように頑張ってください。ここで出てきた部族の数体系を，それが母語であるかのように経験できるか試してみましょう。

手部族の一人が自分の道具をバナナと交換したいという，単純な物々交換の場面を想像してみましょう。この人は，その道具一つの価値がドン・ドン・パン・パン・パン本のバナナだと思っています。手部族語が十分うまいバナナ部族の人は，おそらくこう頭の中で考えるでしょう。「ドンはバナ。だから，ドン・ドン・パン・パン・パンは，バナ，バナ，ナナナ。ナをすべてまとめると，バナになる。つまり，ババババナということだ」ほんとうに堪能な通訳は，おそらくこのようなことを考える必要もないでしょう。ただ経験から，ドン・ドン・パン・パン・パンが，バとナでどう表せるのか，ぱっとわかるのです。特定の数には，割とすぐ慣れることができるでしょう。たとえば，ドン・ドン・パン・パンは，単にバババ。このようなものは基準点になります。私たちが，三十一という数を，ぴたっとした数である三十より一つ大きい数だと考えるように。

それぞれの数言語は，それぞれ独自の「よい」数をもちます。これらの数はとりわけ言いやすい数で，逆の言い方をすると，わざわざ特別な名前をつけるに値する数だとされているわけです。特に，その言語のグループサイズは，必ず特別な（そしてたいてい短い）名前があります。

このため，異なるグループサイズの通訳をするときは，すでに学んだいくつかの基準点が役立つことになります。もし私が手部族とバナナ部族の間の通訳だとしたら，ドンはバナ，ババはドン・パン・パン・パン，そしてバババはドン・ドン・パン・パンだと必ず覚えます。

この二つの言語の両方で，よいとされる数はあるでしょうか？

けれども，あまり流暢でなかったら，どうしましょうか？　どうしたら正しい通訳ができるのでしょう？　人間は，賢い工夫を生み出すものです。特に，数にはさまざまな種類の表現を使うことができます。まず，単純な例，小石を集めることを見てみましょう。

あなたは修行中の通訳であると想像してください。そして，手部族の一人が，先程言った価格ドン・ドン・パン・パン・パンで道具をあなたに売ろうとしています（読者のみなさんと同じ部屋にいられれば，実際いっしょにこの音を鳴らせたのですが……。どうか読むたびに，拍手したり胸を叩いたりしてみてください。私が言おうとしていることを理解するのに役立つでしょうし，なかなか楽しいものです）。

あなたはまだ流暢ではないので，単純に，言われたとおり小石を並べてみます。ドン・ドン・パン・パン・パン。

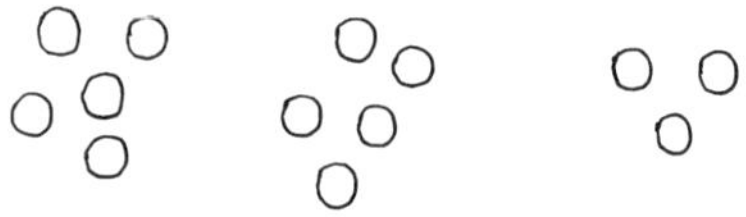

これで，ドンそれぞれが片手の指の本数ぶんで，パン・パンが一つひとつの残り物だと，文字通り目に見えるようになりました。もっときれいに並べたければ，次のように，行（横列）

に並べることができます。

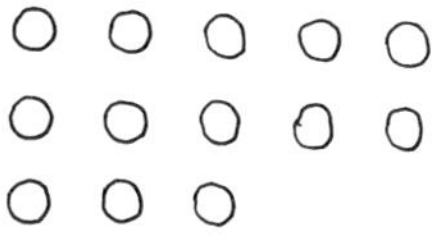

この方法ですと，それぞれの行（横列）が片手の指の本数，つまりドンということになり，最後の列は残り物でつくった不完全な行です。

いずれにせよ，これで，実際に見て触れることのできる数の表現ができました。そして，優れた脳をもつ霊長類として，私たちは見たり触ったりすることが確かに好きなのです。だから，赤ん坊には触ったり見たりして遊ぶ玩具を与えます。くるくる回してみたり，扉を開けたり，鏡を見たり（大人向けの物もたくさんありますが）。

ずいぶん粗末に見えるものの，小石体系は実のところたいへん有効な計算道具です。この方法では，どのような異なるグループサイズでも，ただ小石を並べ替えればよいのです。たとえば，手語とバナナ語の通訳者（あなたのことです）は，単に小石をすっと動かして新しいパターンに並べ替えることで通訳できます。

これで，バのサイズである新しいグループを簡単に目で見ることができ，残り物のぶんも同じように見ることができます（さらに工夫するのなら，二行目の小石一個を三行目に動かすとよいかもしれません）。これなら自信をもって，バナナ部族の仲間に，値段はバババナだと教えることができます。

小石並べは，世界最初の計算機です。使い手には特別な知識も技術も必要ありません。ただ小石を並べる能力（それとともに，小石をなくさない能力）があればよいのです。この方法の弱点は，たくさんの小石，あるいは他の便利な何かを見つけなくてはならない（そして持ち運ばなくてはならない）ということです。

別の例を見てみましょう。木部族も手部族の道具を物々交換で手に入れたいとします。木部族の人たちは木製のビーズをつくって物々交換をしています。そして手部族の道具一つに対して，のビーズを支払います。あなたは，まだ木語と手語の未熟な通訳者ですので，小石を取り出すことにしました。

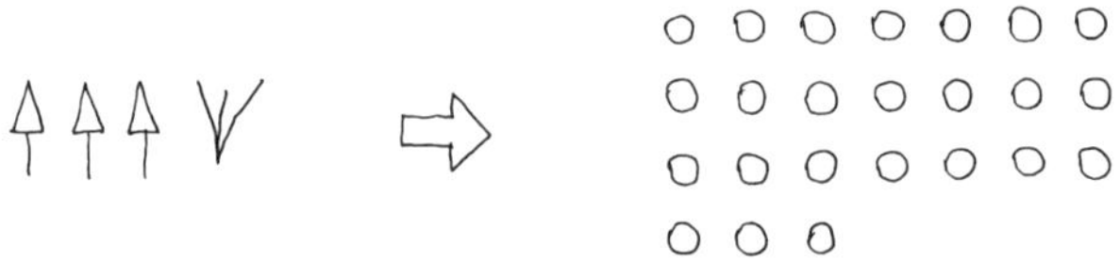

これを手語に並べ替えて整理してみましょう（ざっと並べるか，もっと工夫するかは，あなたの好みと技次第）。

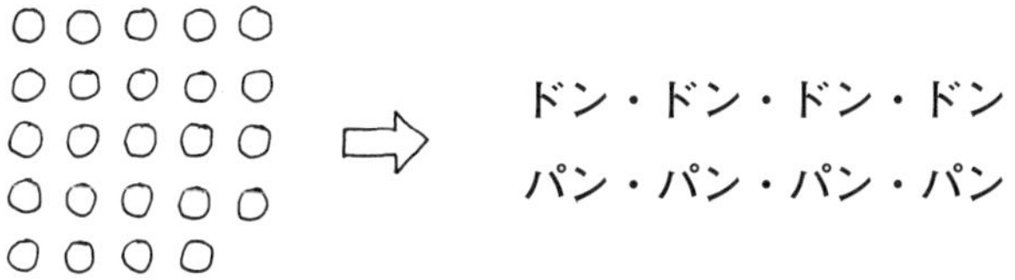

これが，「算術を行う」ということなのです。一つの形で見せられた数情報を，あなたは認識して他の形にしたのです。おめでとうございます。算術というものは，これ以上たいして複雑になりません。ですから，小石の並べ方を別のサイズのグループにして理解できたのなら，おそらくここから先もずっと順調に理解することができるでしょう。もちろん，ほんとうに得意になれるかどうかという問題はありますが，それは完全にあなた次第で，どれだけ練習するつもりで，どれだけ試すつもりなのかによるでしょう。

さて，先程の例では，数が前よりだいぶ大きくなったことに気づかれたかもしれません。実のところ，これは，手部族の言語で容易に鳴らせる最大の数なのです。もちろん，ドン・ドン・ドン・ドン・ドン・ドン・ドン・ドンと叩き続けることはできます（そして，聞いて覚えようとすることも）。けれども，ここでまた認識問題にぶち当たってしまうのです。それゆえグループにまとめ，名前づけをしようという動機が生まれるわけです。数が大きくなり，グループをグループにまとめはじめるのは自然な成り行きです。

バナナ部族に焦点を当ててみましょう。数世紀が過ぎ，バナナ部族は，手部族から道具を使うことを学び，また木部族から書くことを学んだと想像してみましょう。

そしてさらに，バナナ文明は大繁栄し，この文明では，より大きい数や，もっと複雑な売買が必要になりました。しかしながら，四が特別でみんなが満足する数であるという考えは，そのまま続いています。

新しい表記体系は次のようなものだとします。一つひとつの残り物は\の曲線(みなさんおわかりのとおり，これはバナナ一本の世界共通記号です)。四本のバナナ一房は四角形，□を使います。ですから，十(ババナナ)は□□\\と書かれます。

当然，ある程度まで行くと，バの数がたいへん大きくなり，今度はそれをグループにまとめたくなります。いったいいくつのグループを一つのグループにまとめたらよいでしょう？　これは，数の表現体系をつくるときに，しなくてはならないたいへん重要な決断の一つです。

考えるまでもないと思われるかもしれません。四(バ)をグループサイズに選んだのですから，今度もそれしかないと。もちろん，グループも四でグループにまとめます。それ以外は考えられないでしょう。四でグループをつくり，そのグループを六グループずつまとめますか？　そんなのは異常です！

ところが，そういうことは絶えず起きているのです。インチは十二でグループにまとめられてフィートになるというのに，三フィートで一ヤードになります。古いイギリス通貨体系は，十二ペンスで一シリング，二十シリングで一ポンド。このようなグループサイズが混在する数体系は常に存在し，これからも存在し続けます。たとえばバビロニア人は，十を六十の「大きなグループ」にまとめました。つまり，十のグループ六つが，グループのグループになったのです。とはいえ，自分で自分の方法を決められるのなら，グループサイズは一貫させたほうが簡単なようです。

ですから，バナナ部族は，バナナを房ごとのグループにまとめたのと同じ理由で，房もまたさらなる房にグループ分けしたいわけです。この数量（バババババ）は，ラと呼ばれ，田と書きます。これは，房の房を表現するのに，とてもよい記号です。

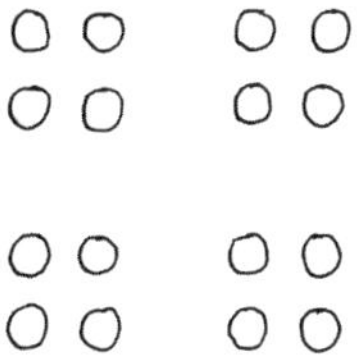

これで，大きな数を前より簡単に表現したり比較したりできるようになりました。たとえば，木部族が↑↑↑と書く数は，バナナ部族にとっての田口\（ラバナ）ということになります。

バナナ部族の人々は，↑↑↑↑を何と言い，
どのように書くのでしょう？

この三部族の数言語は，「桁記号記数法（書かずに音声で示すものについては，「桁名命数法」とでも言えるでしょうか）」と呼ばれる体系の例です。ある大きさの値になると別の記号を使い，つまり，それぞれの言葉や記号が，固定され限定された意味をもっているという体系です。⍋も田も，どの位置で使われようといつも同じ数量を表しています。特に，このような体系では，記号の順番は関係ありません。ちょうど，ポケットの中でコインがごちゃごちゃになっても，その価値，その表現が変わらないのと同じことです。

田□□＼＼＼　＼田＼□＼□　＼□田＼＼□

上の三つはどれも，まったく同じ数を示しています。これは大変便利な特質で，この体系をたいへん取り扱いやすくしています。桁記号記数法（お金のように）はとても頑強で，そのページの記号をごちゃごちゃにしても（あるいは，びんの中のコインを全部ごちゃごちゃにしても），その情報には何ら影響しません。もちろん，その情報の「形」は変わりますから，特定のやり方で整理しておきたいのなら，少々気をつけたほうがよいでしょう。

とりわけ，ほとんどの人は数を（たいていお金も）比較しやすい形に整理したがります。通常，一番大きい単位を最初にまとめ，それからより小さい数量へ移ってまとめる方法がとられます。いいかえると，どんな順番で記号を並べることができるとしても，「重要性の順」に従うということでしょう。こうすることにより，全体像が見えやすくなります。「ああ，500ドルといくらか持ってるぞ」と言うほうが，一セント硬貨や二十ドル札に重要性を置くよりもずっとわかりやすいです。

テーブルの上の小石の集まりも，どう並べようと，同じ数を表しています。けれども，並べ方によっては，もっと伝達力をもつようになります。田□□＼＼＼と＼＼田□＼□はまったく同じ数を表しているものの，一つ目の方は「ラといくつか」という見出しを大声で叫んでいるのに対して，二つ目の方は最大数量をバナナの下に隠しています。

ですから，私たちは数を通常，最大から最小へ（左から右へ書くかどうかは，文化ごとの選択）という方法で表現することを好みます。そしてまた，算術で重要なことは比較で，数量をこの方法で表すと，比較をするのに特に便利になるのです。

同様の理由から，私たちは数の表現が，たくさんの靴下や下着が散らばっているように，ばらばらであるよりも，よいグループに「梱包」されていることを好みます。梱包されている表現と，梱包されていない表現を比べるのは，混乱しやすくめんどうです。

右側の数は，ラがはっきりと書きだされていませんが，実のところ左側の数よりも大きい数です。つまり，右側の表現は完全に意味をもち明確でありながら，比較するにはやや不便だということになります。

そのいっぽうで，ともにうまくグループに梱包され，サイズによって整理された二つの数は，最も比較しやすいといえます。

左側の数の方が明確に大きいとわかります。両方の表現が同じ量のラを含んでいますが，左側にはより多くのバがあります。このように整理して比較することは「辞書式順序」と呼ばれています。基本的には，アルファベット順と同じ考え方です。まずは最大グループを比べ，それがより多い方がより大きい数です。もし同じならば，グループサイズを一つ下げて，次に大きいグループを比べ，また同じならば，その次へと進みます。

そういうわけで，比較するために，私たちはいつも記号をこのような順番に並べたいのです。しかしながら，ときには，梱包せず，順序づけないほうが便利なこともあります。重要なのは，私たちはどちらでも好きなほうを選べるということです。ちょっと時間がかかる方法，すでにやったことをやりなおしたり取り消したりする方法で整理したいのなら，そのようにすればよいのです。結果に大きな差が出るわけではありません。算術のほとんどの考えは，遊び楽しみ，いくつかの物を注意して追い，ときに少々の知恵を楽しむということなのです。

あなたはラララ本のバナナを持つバナナ部族の人です。
道具や木製ビーズを物々交換で手に入れようと思っています。
道具一つの価格はドン・ドン・パン・パン・パン本のバナナで，
バナナ一本は木製ビーズ二個ぶんに値します。
道具三つを買った後（そしてランチにバナナ一本を食べた後），
あなたはビーズを（木語で）いくつ買うことができるでしょうか？

5. エジプト

桁記号記数法の最も古く単純な例の一つは，紀元前三千年頃から古代エジプト人が使ったものでしょう。ここまで見てきた（想像上の）三部族の体系とそっくり同じ考え方ですが，歴史上実在したということだけ違います。そして，人類が使ってきたほとんどの数表現体系のように，グループサイズは十です。

十はよくグループサイズになりますが，数学的や美的な特質があるからではなく，単にたまたま私たちの手指の数だからです。実のところ，十は（数として）特に魅力的な性質を何ももっていません。十二のほうが，より多くの数で割り切れますし，八のほうが，より小さく，半分にする計算が繰り返しやすいです。十というのは，単に文化的選択で，私に言わせてみれば，ちょっと大きすぎます。

特に，十はほとんどの人の数認識能力の限界を超えています。ですから，便利な桁記号記数法をつくるために，エジプト人はまずこの認識問題を解決する必要がありました。

エジプト人が使う残り物の記号は，おなじみの縦棒，$|$です。けれどもエジプト人は，五本棒の門ではなく，「積み重ねる」ことにしました。エジプト人は八を𝍸$|||$ではなく，$\substack{||||\\||||}$としたのです。そして，概して，四本以上の棒を一行（横列）に並べないようにしました。つまり，一から八はたいてい次のように

表現されました。

一　二　三　四　五　六　七　八

このように重ねると，ぴったり重なっているかどうかで，偶数か奇数かも簡単にわかります。さて，ここで九の表し方が問題になります。五本の縦棒を一行に並べなければならないからです。

けれども，エジプト人はそうするのではなく，異なる方法をとりました。九を「三を一行」で表したのです。

九

こうして重ねるパターンだと，ぱっと見ただけで何の数だか把握できます。サイコロと同じように，簡単に覚えて認識できる単純なデザインです。それに，重ね方を選択する融通までできました。たとえば，エジプト人たちは四を書くのに，二の上に二を重ねて書くこともよくありました。

私たちのグループサイズは十ですので，それには特別の記号が必要です。エジプト人は∩を選びました。これは踵《かかと》の跡を表していると考えられています（土地の区画を測るために，十歩ごとに踵の跡を地面につけたのが由来のようです）。

当然，グループにも，残り物ぶんに使ったのと同じように重ねるパターンを使います。ですから，私たちが四十五と呼んでいる数は，𓎆𓎆𓎆𓎆𓏺𓏺𓏺𓏺𓏺のように記します。これはまた，右から左へ書いても，左から右へ書いてもよく，𓏺𓏺𓏺𓏺𓏺𓎆𓎆𓎆𓎆のような書き方をしてもまったく同じ意味になります。古代エジプト人はこの両方を使いました。

もちろん，取り扱う数が大きくなっていくと——穀物を保存するにも，軍隊をつくるにも，税金をあげるにも，文明にはそういうことが起きる傾向があるので——グループのグループ，そのまたグループと続く，より大きい桁のための記号が必要になります。

古代エジプト人が，グループのグループ（つまり百）のために使った記号は，𓍢で，巻いたロープの形だと思われます。𓍢のグループ（私たちが千と呼ぶ数）に使われたのは，蓮の花の記号𓆼でした。

バナナ部族はエジプト人に征服され，
エジプト人の体系を学んで使わなくてはならなくなりました。
次の数はそれぞれどう書けばよいでしょう？

田□□\，田田□\\\，田田田□□\\

それから，もう一つすばらしい画期的な考案がありました。

計算道具として小石を並べるかわりに,「計数コイン」が考え出されたのです。ある物(たいてい木片か陶器のかけらなど)にその価値を示す印をつけるというだけのアイディアです。これらのコインは,実際にそのような価値がある必要はなく,特定の価値を示してさえいればよいのです。ある意味,これは別のレベルの抽象化です。∩の印がついたコインが表すのは十個の小石で,それはつまり実際にあなたが数えている物を表しているということになります。

大きな袋いっぱいにこの計数コイン,つまりı, ∩, 𓍢, 𓆼といったいろいろな印のついたコインが入っていると想像してください。これをテーブルの上にばらまき,積み重ねるなり列に並べるなり,好きなように選《え》り分けて整理します。すると,単純で便利な計算器具,つまりアバカスになります。アバカスは,簡単な手動の表現体系,つまり,手で持ったり動かしたりできる物によって数を表現する方法の一つです。小石の集まりと同じように,計数コインも簡単にグループ化や並べ替えができるので,これによって計算を比較的速く行えます。そしてお望みなら,最後に結果を書き取ればよいのです。

自分のエジプト式計数コインを一組つくってみましょう。

もちろん，非常に簡単な計算には，たいていアバカスを使う必要はありません。そのような計算は慣れれば，記号を並べなおしたり情報を追って把握したり，すべて頭の中で行うことができるようになります。しかしながら，これにはそこそこの記憶力が必要なので，長い歴史の中で，多くの人々にとってやっかいで精神的に苦痛を伴うことでした。そのいっぽうで，暗算を楽しむ人もたくさんいて，その人たちはアバカスを使うことはインチキで，ある意味品位を損なう方法だとみなしました。でもどちらでもよいのです。細かい情報を頭の中で保管したり動かしたりするのが楽しいのなら，ぜひそうしましょう。なんらかの計算器具を使いたければ使いましょう。どちらの方法でも，算術は楽しいもので驚きとおもしろさに満ちています。

とにかく，エジプトの計数コインを使うことは単純そのものです。ただその数を表す記号を直接，次のように同じ記号が記されているコインに置き換えるだけです。

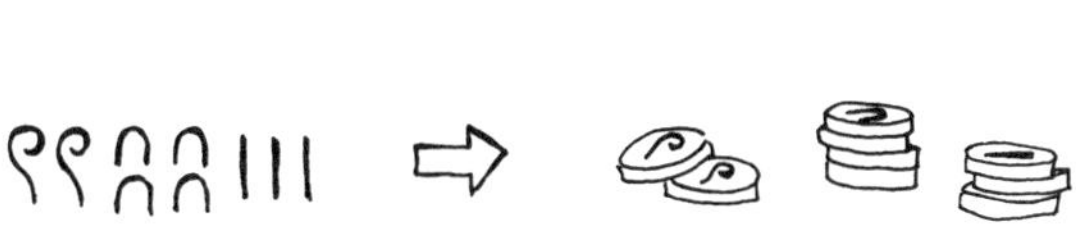

これで，数を文字どおり手で動かすことができます！　わきに置いたり，簡単に他の数量と合わせたり。

あなたは紀元前一八五〇年頃の古代エジプトの記録係になっ

たと想像してください。ファラオに，貯蔵されている穀物の正確な数量をまとめよ，と命令されました。三つの穀物貯蔵庫には次の量が保存されています。カゴに入れて，何カゴぶんかを測りました。

テーベの貯蔵庫：	𓆼𓆼𓍢𓍢𓍢𓍢𓎆𓎆𓎆𓎆𓎆𓏺𓏺
ギザの貯蔵庫：	𓆼𓎆𓎆𓎆𓎆𓎆𓎆𓎆𓏺𓏺𓏺𓏺𓏺𓏺
アスワンの貯蔵庫：	𓍢𓍢𓍢𓍢𓍢𓍢𓏺𓏺𓏺

穀物は合計でどれだけあるでしょう？

暗算で出す自信がなくて，計算間違いをしてファラオの怒りを買う危険を冒したくないとしましょう。それでも，あなたは数えるための部屋へ行ってテーブルにつきます。そして，計数コインの袋を取り出して，用心深く数を並べます。

合計を計算するには，単に積み重ねたコインをいっしょにするだけです。

桁記号記数法のアバカスの強みは，そのすばらしい柔軟性――どれだけ混ぜ合わせても，並べ替えても，そのコインは必ず同じ数量を表すということです（後で，もっと近代的な，ずっと繊細であるけれども独自の利点があるアバカス体系についてお話しします）。

さあ，これで計算は済みました！　合計は，テーブルの上にある数量どおり。しかしながら，この表現方法には問題がいくつかあります。まず第一に，たくさんのコインを持ち運ぶのは不便です（それに，うっかり何枚かコインを落としてしまうかもしれません。それが蓮のコインだったりしたら大変です）。もっと持ち運びやすい記述表現のほうが好ましいでしょう。第二に，比較をするためには（いつか必ずそうすることになります），十八個のロープの印が一列に並んでいるよりも，数がもっと整理されたグループにまとまっているほうが助かります。

次の段階でやることは「両替」です。コインをできるだけコンパクトに両替します。特に同じコインが十枚あれば，たとえば，踵印∩が十枚あったなら，それをロープ印𓍢のコイン一枚に取り替えます。これはもちろん，私たちが扱っている実際の数を変えません。𓍢は∩十個の意味に違いないからです。しかしながら，取り替えることで，その表現がもつ「形」には影響が出ることになり，それこそがここで大事なことなのです。どんな数もさまざまな方法で表現することができ，私たちは，できるかぎり役立つ便利な形を選びたいのです。ときには，ありがたいことにまったく何もしないで済むこともあります。また，表現を少々「きれいに片付ける」ほうがよいときもあります。それぞれの状況や，そのときに私たちがほしいものによるのです。この場合は，記録したり他の数と比較したりする数を提示するのに，できるだけまとめてサイズ順に並べるのがよいでしょう。

残り物𓏺十枚を踵印𓎆一枚に両替して，結局次のようになります。

合計のコンパクトな表現になりました。あとは，これを書き取るだけです。𓆼𓆼𓆼𓆼𓍢𓎆𓎆𓎆𓏺

これらの両替はどのような順番でもよいし，いつでも行うことができます。こうした両替をやるのかどうか，またいつやるのかは，完全に自由です。ときには，ある両替を行い，その後にまったく反対の両替をするはめになる（たとえば，引き算をするために）かもしれません。流暢で効率のよい算術の使い手になるというのは，そういう無駄を避ける方法を学ぶことでもあります。前もって考え，不必要な作業をしないようにするのです。といっても，もちろん，あなたがそうしたければということです。あまり大ごとではありません。ただそういう手法であるにすぎず，あなたがどれだけうまくやりたいかによるのです。編み物をするときとちょうど同じです。

とりわけ，「小さい数から大きい数へ」両替を行うと，たいてい時間を節約できるでしょう。つまり，まず残り物から両替し，それからグループ，次にグループのグループと続けるのです。こうすることにより，すでに両替したコインの積み重ねに戻ってまた両替しなおすということをしないで済みます。

エジプトの三人のヤギ飼いが，安全のために
それぞれのヤギをいっしょに飼うことにしました。
一人目が飼っているのは 𓍢𓍢𓎆𓎆𓎆𓎆𓏺𓏺𓏺𓏺𓏺𓏺𓏺 頭，
二人目は 𓍢𓎆𓎆𓎆𓎆𓎆𓎆𓎆𓎆𓏺𓏺𓏺 頭，三人目は 𓍢𓏺𓏺 頭です。
三人は気をつけたにもかかわらず，
𓎆𓎆𓎆𓎆𓎆𓎆𓎆𓏺𓏺𓏺 頭がオオカミに食べられてしまいました。
残っているヤギは何頭ですか？

6. ローマ

世界で最も使われていてなじみのある桁記号記数法は，古代ローマ人が使ったものでしょう。少なくとも使われている年数の長さでは，人類史上おそらく最も成功した算術体系です。とても単純で便利で学びやすいのです。またローマ数字は，繰り返しや認識の問題に対して，新たな解決方法となりました。グループサイズはやはり十ですし，桁記号記数法ですから，グループやグループのグループなどに特定の名前があります。これらはローマ記数法において，ローマのアルファベットであるラテン文字の一部を使って表現されました（ギリシア文字やヘブライ文字も同じように使われました）。残り物に使われた文字はI（古代ローマでは小文字がなく，特に大文字のIであると特定する必要はありませんでした）で，十のグループはXの文字，そのグループのグループはCの文字（百を意味するラテン語「centum」の頭文字），そして，百が十あるグループはM（千を意味する「mille」の頭文字）と表現されました。

新たなアイディアは，重ねるかわりに「下位グループ」の記号を使うことです。Iを長々と書き連ねると，読みにくくわかりづらくなります。古代ローマ人は，Iが五つあることを示す新しい記号として，Vを使いはじめました。おかげで，IIIIIIIと七つ同じ文字をいやいや繰り返すのではなく，簡単にVIIと書くことができます。もちろん，より大きいグループサイズにも同じことをします。Lは五つのX（五十）で，Dは五つのC（五百）を意味します。

ここで便利になったかわりに，しなくてはならないことも発生します。重ねる必要はなくなりましたが，そのかわり，より多くの記号に慣れなくてはなりません。もう一度，新しい記号とその意味をまとめておきましょう。

I	V	X	L
一	五	十	五十

C	D	M
百	五百	千

下位グループ記号であるVとLとDは，グループ記号ほど重要でないとみなしたらよいでしょう。これらは単に「便利」にするための記号であり，I，X，C，Mのような主要グループ記号とは違うのです。

本質的には，ローマ数字もエジプト数字もまったく同じです。違いは，重ねるかわりに新たな下位グループ記号を取り入れて認識問題を解決したことです。五は片手の指の本数なのですから，下位グループに五を選んだのはとても自然なことです。手部族も五本棒の門を使う人たちも，大いに同意することでしょう。おそらく，八つ手がある生き物（たとえば，タコ）であれば，八こそ便利なグループや下位グループのサイズだと思うはずです。

さてここで，あなたはクレオパトラ時代（紀元前45年頃）のローマの記録係になったとしましょう。エジプトの宝庫の古い記録をラテン語に訳すのが仕事です。𓆼𓆼𓆼𓍢𓍢𓍢𓍢𓍢𓍢𓎆𓎆𓎆𓎆𓎆𓎆𓎆𓏺𓏺𓏺𓏺𓏺𓏺𓏺𓏺𓏺の数は，ローマ数字でどのように書けるでしょう？

対応する記号へ単純に書き換え（ありがたいことに，グループサイズが同じです），あるヒエログリフが五つ以上あったら，便利な下位グループ記号を使えばよいのです。

𓆼𓆼𓆼𓍢𓍢𓍢𓍢𓍢𓍢𓎆𓎆𓎆𓎆𓎆𓎆𓎆𓏺𓏺𓏺𓏺𓏺𓏺𓏺𓏺𓏺 ⇨ MMMDCLXXVIIII

段に重ねないので，右側の記号は全部同じ高さです。きれいに整然と書くために都合がよく，石に刻むのにとても便利です（古代ローマ人は石に文字を刻むことが好きでした）。

ところで，ローマ数字について広く信じられている誤解を解いておきたく思います。四をIV，九をIXと書くような引き算ルールが使われているのを見たことがあるかもしれません（たとえば，章の見出しや時計などで）。IはVより小さいので，VIは六でIVは四と書く方法で，はっきり表すことができます。けれども，実際のところ，古代ローマ人は，正当な理由から，このようなことをまったく行いませんでした。桁記号記数法を使う主な利点は，それぞれの記号の価値が固定していて，書かれる順番に関係がないことです。ある記号と他の記号との関係に注意しなくてはならないとした途端に，その体系に繊細なもろさを持ちこむことになってしまいます。また，計算の途中で間違いが起きやすい余計な要素を加えることにもなります。不必要に複雑にしてしまう方法など，誰も選びません。

しかしながら，数は数える目的以外にも使われます。たとえば，とても便利なラベルになります。章の番号や著作権表示の製作年などは，数を算術の目的以外に使うよい例です。番地の合計を出す人はいません。こういうものは，私たちが参照目的のためにつける単なる印やラベルなのです。引き算ルールによる簡略表記は，このようなラベルを短くするために十三世紀に普及しました。ローマ人はまず使わず，もちろん算術にはまったく（誰にも）使われませんでした。

宝庫記録の調査中，ぼろぼろのパピルスの巻物に
アスワンの貯蔵庫からの三つの数が書かれていました。

𓆼𓆼𓍢𓍢𓍢𓍢𓎆𓎆𓎆𓎆𓎆𓏺𓏺𓏺　　𓆼𓍢𓍢𓍢𓎆𓎆𓏺　　𓍢𓍢𓍢𓎆𓎆𓏺𓏺𓏺𓏺

残念ながら，この合計は破れてなくなっていました。
あなたは，このヒエログリフをローマ数字に訳して
合計を計算できますか？

下位グループを解釈するよい方法（確実に手部族の人たちが

ありがたがるでしょう）は，手を思いうかべること，そして，もっとよいのは，手を広げて五本の指を使うことでしょう。この方法で，VIIIの数は，片手と指三本です。

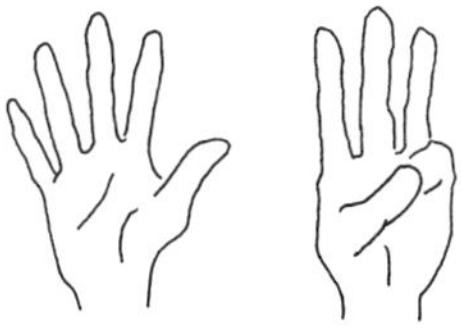

VIII

だから私は，ＶをＩの仲間に属すると考えたいのです。同じように，DCも私には六のように見えます（もちろん，「六百」と数えることを覚えていなくてはなりません）。それで，ローマ数字体系を流暢に使える人は，次のように大きく複雑な数を見ると，頭の中で分解します。

MMMDCCLXVIII

MMM（三つの千），DCC（七つの百），LX（六つの十），そして最後にVIII（八つの残り物）。

もちろん古代ローマ人は英語を話しませんでしたので（英語は当時存在しなかった言語です），それぞれの数にラテン語の名前を使い，その多くは現在の英語の数の言葉に関係しています。たとえば，上記の数はラテン語でtres milia septingenti sexaginta octo，英語ではthree thousand seven hundred sixty-eight（三千七百六十八）です。

ローマ数字の計算はエジプト数字と同じくらい簡単です。桁記号記数法ですから，記号の位置を気にする必要はありません（ローマ人は常に左から右へ，大きい数から小さい数になるよう書きましたが）。とりわけ，合計を計算するなら，ただすべての記号を集めて，好きなように並べればよいのです。

あなたはローマの商人で，地中海の貿易船に載せる荷物の指示を出しているところだと想像してください。この船には二千トンの貨物を積み込むことができます。甲板の荷物それぞれの重量（トン単位）は次のとおりです。

ワイン：	DCCLXVII
オリーブ：	DLII
トーガ*：	DCLXXIII

これを全部船に載せられるでしょうか？

この計算をするには，単に それぞれの記号がいくつあるのかを数えて，必要な記号に両替すればよいでしょう。

DDDCCCLLLXXXVIIIIIII ⇨ MDCCCCLXXXXII

＊訳注：古代ローマで着られていた衣服

つまり，三つの貨物全部を無事船に積み込むことができ，船にはまだ若干余裕が残ることがわかります。

エジプト数字のときと同じく，計算をもっと簡単に自信をもって行うために役立つ，アバカスのようなものがほしいと思われるかもしれません。実際ローマ人は，「溝そろばん」（tabula：tabletを意味するラテン語）を使っていました。もちろん，計数コインを使ってもよいですが，溝そろばんのほうがいろいろな面で速く簡単に使えます。また溝そろばんによって，強力な新しい考え方，「位取り」というものを使えるのです。

この考え方は単純で簡潔です。木片か大理石の板に水平な溝を彫り，それぞれの溝に対応するグループや下位グループの記号をラベルとして明記します。

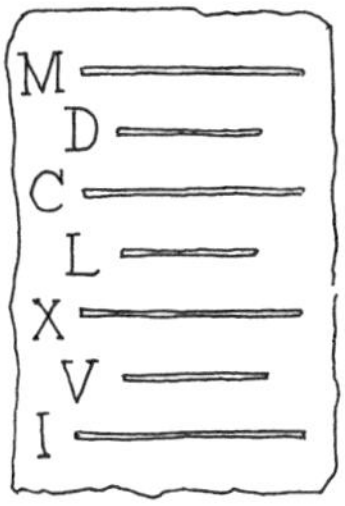

私は，わかりやすくするために，下位グループの溝を適度に短くします。溝そろばんで数量を表すには，記載された記号に対応する溝それぞれに小石を置くだけです。つまり，溝そろばんではMMDCCLXVIIを次のように表します。

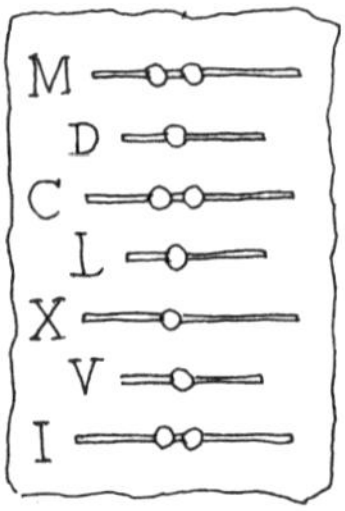

この小石はcalculi（calculusの複数形。現代calculusは微積分という意味）と呼ばれ，日本語では計算珠といいます。これが，calculator（計算機），calculation（計算）といった言葉の語源となったラテン語の言葉です。そして，calculusという言葉自体は，石灰岩を意味するラテン語のcalxに由来します。おもしろいことに，calculator（計算機）とcalcium（カルシウム），chalk（チョーク）は語源上関係があるわけです。

重要なのは，計算珠には何の印もつけられておらず，どれもまったく同じであることです。計算珠の値は，どこに「置いてあるか」で決まるのです。これが位取りの考え方です。ボウルに入っている計算珠には何の意味もありません。ある溝にはめられると，そこで初めて，対応する値があることになるのです。つまり，印や単位は気にしなくてよいのです。何を計算珠に使うかすらも，実のところ関係ありません。ただ溝にうまくはまり，じっとしているものならよいのです（たとえば，テントウムシを使うことはおすすめできません）。

**自分の溝そろばんをつくってみましょう。
（紙に線を引き，小石のかわりにボタンか
コインを使ってもよいでしょう）**

計数コインから溝そろばんへ移行すると，利点もありますが，それに伴う難点も出てきます。印のついたコインを分類して把握するよりも，小さなそっくり同じ物をいくつも扱う方がずっと楽なので，これは溝そろばんの利点です。けれども，それに伴う代価があるのです。それは，ある程度の「脆弱性」です。計算珠の置かれる位置が大切になるので，うっかり動かしてしまわないように気をつけなくてはなりません。もし飼い猫のタマが桁記号記数法の計数コインを積み重ねた上に飛び乗っても，たいしたことではありません。その値に影響はありません。けれども，もしそのタマが溝そろばんのまわりを歩きだしたら，午前中ずっと取り組んだ計算結果がすっかりわからなくなるかもしれません。そういうトレードオフです。融通と便利さを得るかわりに，気をつけなくてはならなくなるのです。算術の歴史上，このようなことはたびたび行われてきました。これからそれを見ていきましょう。

さて，あなたは，オリーブオイルの倉庫を任されたローマの記録係だとしましょう。元老院からもうすぐやってくるバッカス祭りのために，MMDCXXXV本のフラスコ入りオリーブオイルの注文がきました。あなたが在庫を確認すると，二階に

MCCCLXIII本があり，地下にMCCLXXIII本がありました。今の在庫で注文に応えられるでしょうか？

溝そろばんを使って合計を計算してみましょう。まず最初の数（MCCCLXIII）を溝そろばんで表してみます。計算珠をそれぞれの溝の左側に置きます。

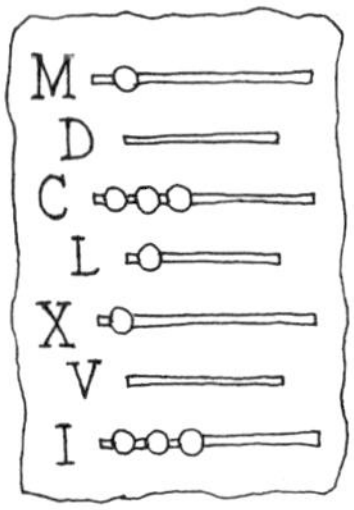

次に，二番目の数（MCCLXXIII）を右側に加えます。

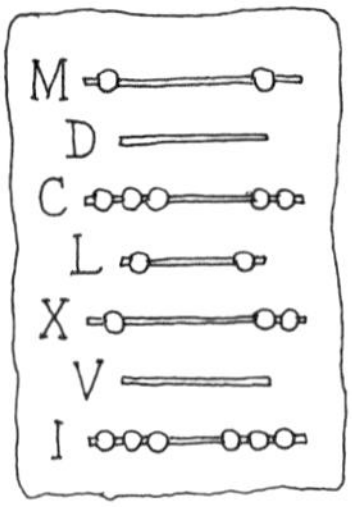

これで，求めたい合計が溝そろばんの上で表せましたが，比較しやすい形にはなっていません。これから，できるだけ単純でまとまった形にするための両替作業をしなければなりません。一番下からはじめます。I溝にある珠五つをV溝の珠一つに取り替えます。そして，L溝の珠二つをC溝の珠一つに取り

替えます。すると，C溝は合計六つの珠になり，そのうち五つをD溝の珠一つに取り替えます。このような両替作業を済ませると，溝そろばんは次のようになります。

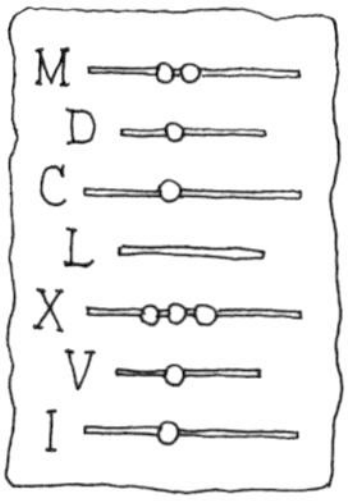

これで，合計を簡単に書きとると，MMDCXXXVI。注文に必要な数量（MMDCXXXV）と比べると，ぴったり1本余計にあることがわかります。ですから，元老院はどんちゃん騒ぎを楽しむことができることになり，誰も刺されたり処罰されないで済むでしょう。

お気づきのように，溝そろばんでは両替方法が少々複雑になりました。これもまたトレードオフです。重ねるかわりに下位グループを使いましたが，グループと下位グループでは両替レートが異なります。それだからこそ，私は下位グループの溝を短くしたのです。長い溝の珠五つは，その上の（短い）溝の珠一つと同じ値があります。いっぽう，短い溝の珠は二つだけで，その上の（長い）溝の珠一つぶんに両替できるのです。けれども，少なくとも，すべての長い溝と短い溝で共通するパターンですから，そう難しいことではありません。とにかく，慣れるまでにあまり長い時間はかかりません。小さい子どもでも数時間練習すれば，溝そろばんをうまく使えるようになるでしょう。

溝そろばんを使って，MCCLXVII，MDCLVI，LXXXVIIII の合計を計算しましょう。
MMMより大きい数になるでしょうか？

溝そろばんの珠の読みやすさはすばらしいです。七や七十といった数は，珠二つの上に珠一つですから，ちょうど片手と指二本のような感じです。

ところで，溝そろばんに熟練すること（ローマの記録係教育では重要です）に興味があれば，さらに上級のテクニックを試してみたいかもしれません。長い溝の珠五つを取り除いてその上の溝の珠一つに置き換えるのでなく，四つのみ取り除いて，五つ目の珠を一つ上の溝に移したらよいのです。時間の節約になりますが，もちろん，これによる混乱の可能性も一挙に出現してしまいました。手の上の計算珠をじっと見つめ，はたしてどこまで自分が両替作業を行ったのか怪しくなり，わけがわからなくなってしまったことに気づきはじめるようなことが起きるかもしれないのです。

バナナ部族に向いているのは，どんな溝そろばんでしょうか？

7. 中国と日本

ローマ体系は桁記号と位取りの考え方が混在している興味深い例です。書く場合は完全に(下位グループを含めて)桁記号記数法ですが，溝そろばんのほうは全部位取りです。このような混合体系のもう一つの興味深い例は，中国で紀元前から使われてきた体系です。これは紀元500年頃に中国から(書道などの文字文化一般とともに)日本にも伝来して普及しました。

この新たな考え方は，大胆な(そして，おそらく完全に正確な)認識問題を解決する方法となりました。繰り返しを減らすために新しい記号の下位グループを導入するだけにとどまらず，中国の記数法は１から９のそれぞれの数すべてに独自の記号を使いました。これはとても極端な解決方法です。繰り返しの心配はしないで済みますが，引き換えに大きな負担が生まれました。つまり，新しい記号をたくさん学ばなくてはなりません。

一　二　三　四　五　六　七　八　九

最初の三つの記号は(横線で少々デザイン化されていることを除けば)，本質的にはエジプト数字やローマ数字が採用したものと同じです。けれども，四つ目からは，まったく新しい(かなり無作為に見える）文字ばかりです。

つまり，単純な繰り返しにもとづく表現方法とは違い，中国の体系では最初にやや負担が生じ，この九つの記号と意味を記憶する必要があるのです。とはいえ，多くの西洋の言語においてアルファベットは二十数文字あり，さらに句読点やらアクセント記号を覚えなくてはなりません。ですから，九つの新しい記号というのはそう大変なことではないでしょう。九つだけで認識問題をすっかり解決するのです。いったん記号を学んでしまえば，混乱の可能性はまったくありません。

もちろん，それでもグループにまとめる記号を用意する必要があります。

十　　百　　千

MMDCLXXVIII の数を中国式にしてみましょう。

二
千
六
百
七
十
八

まず第一に，左から右へでなく，上から下に書くことに気づかれたことでしょう。第二に（そして，これはさらに重要なことです）それぞれのグループ記号の上に，いくつそのグループがほしいのかを示す一文字があることに注目してください。つまり，MMMのように繰り返すかわりに，次のように書くのです。

三
千

この方法なら時間とスペースを節約できます。十九を示すさまざまな表現方法を比べてみましょう。

XVIIII

十
九

中国や日本の数字を読むためには，単にグループ記号と，グループがいくつあるのかを示すその前の文字を見ればよいだけです。また，慣例的に，あるグループが一つだけのときは，その前の数記号をわざわざ書きません。例として，三つの数をローマ数字と，中国の数字，つまり漢数字で書くと次のようになります。

千		
三		九
百	六	百
十	百	四
四	二	十
MCCCXIIII	DCII	DCCCCXXXX

次の数は漢数字でどう書くのでしょうか？

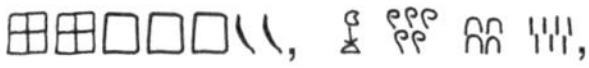,

DCLV

ご推察のとおり，中国や日本の文化も独自のアバカスを考案しました。日本のアバカスである「そろばん」は，中国のものよりも単純で，ローマの溝そろばんに近いでしょう。新たな特徴は，溝で小石を使うのではなく，珠が竹の枠にはまっていることです。

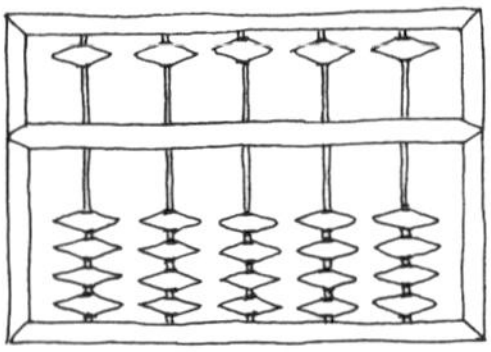

このそろばんを使うには，細い棒に刺さっている珠をスムーズに動かせるように，図のとおりテーブルに平らに置かなくて

はなりません。そろばんで数を示すには，まず最初にすべての珠を梁《はり》と呼ばれる横棒から離します。これを日本では「ご破算」と呼びます。溝そろばんで計算珠をすべて取り除くのと同じことです。

桁と呼ばれる縦の棒は，溝そろばんの二つの溝に相当します。まず，一番右の珠は一珠，つまり残り物を数えます。梁の下の四つの一珠は，溝そろばんのI溝の小石四つに相当し，梁の上の珠一つは，V溝の小石一つに当たる五珠です。数に数える珠を示すには，ただその珠を梁のほうに上げるだけです（梁の上にある五珠なら下げるだけです）。両方のやり方で同じ数を示してみます。

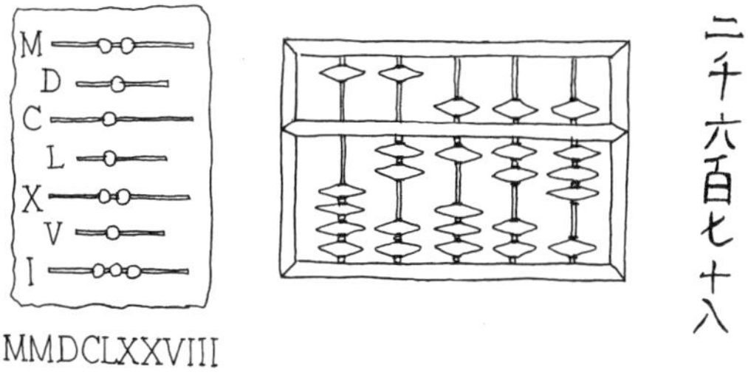

日本のそろばんが，ローマの溝そろばんと大きく違うのは，計算珠の入ったボウルを持ち運ばないで済むことです。珠は備えつけです。どの珠を「数える」のかが問題とされるだけなのです。小石を置いて取り除くかわりに，ただ珠を滑らせます。大きな利点は持ち運びやすさです。では難点は？　あなたは溝そろばんですら繊細で，猫がぶつかったりじゃましに来ると困

ると思われたかもしれません。けれども，そろばんと比べたら，溝そろばんはジブラルタルの岩のごとく頑強です。そろばんは，実に脆弱なのです！　ほんの少し押しただけで，すぐ珠が動いてしまいます。ですから，もしあなたが十六世紀の日本の会計士ならば，そろばんをすっぽり懐に入れて持ち運びできたでしょうが，計算をするには，じゃまの入らない落ちついた場所で，できればペットや小さい子どもがいないところを見つけたほうがよいでしょう。

自分のそろばんをつくってみましょう。
（紙に枠を描き，コインかボタンを珠の
かわりにするだけでもよいでしょう）

そろばんの別の欠点で大きなものは，追加の珠を新たに加えられないということです。溝そろばんでは，好きなだけたくさんの計算珠をはめられる自由がありました。おそらく，後から両替しないとなりませんが，少なくとも両替しないで溝に残しておく選択肢がありました。けれども，そろばんでは，絶対必要なぶん以上には珠がないという，簡潔な日本式ミニマリスト美学を経験することになります。ある意味これはすばらしいことです。あなたの数はいつもすっかりまとめられた形で提示され，そのうえそろばんは重くならないままです。そのいっぽう――そして，これがかなり大きなことなのですが――すべての両替を頭の中で行わなくてはならないことになります。これだけで，ほとんどの人は嫌気がさすでしょうし，あなたはうんと練習しなくてはなりません。もちろん，真剣に多くの算術に取り組む人（たとえば十六世紀の日本の商人）は毎日ずいぶん練習することになり，どんどん慣れていくことでしょう。もしくは，学校へ行って訓練を受けることもできます。どちらでもお好みのほうを。

さて，あなたは中世日本の米屋だとしましょう。天皇の側室に**六十**俵の米を配達する注文を受けました（ここではスペース節約のために日本の数字を左から右へ書きます。それから，おもしろくするために側室を登場させました）。在庫をチェックすると，一つ目の蔵に**二十七**俵あり，二つ目の蔵には**三十五**俵ありました。注文されたぶんに足りるでしょうか？　側室を満足させられるでしょうか？（そう，これこそ人々が算術を行う理由！）

そこで，合計が**六十**以上になるかどうか確かめるには，**二十七**と**三十五**の数を足す必要があります。まず，最初の数をそろばんで表してみましょう。

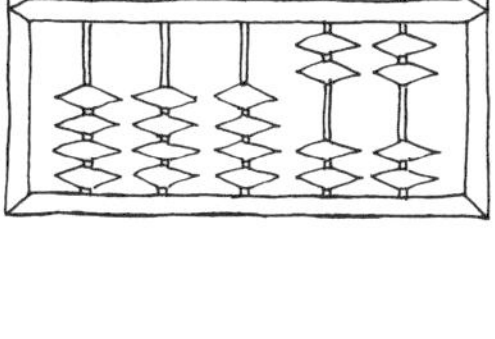

このようにするためには，十の珠二つ（**二十**）を上に動かし，**七**を，五珠一つと一珠二つで示します（上下という言葉を使ってはいますが，そろばんは平らに置かれていますので，本当のところは使い手から遠くへ，近くへということになります）。

さて，**三十五**の数を加えるには，十を三つと一を五つ加える必要があります。まず一からはじめると，**五**つぶんを加えるには，単に五珠を下に滑らせて加えたいところです。けれども残念なことに，すでにこの桁の五珠は下に下りています（すでに数えられているということ）。ここで知恵を使わなくてはなりません。五を加えるには，十を加えて五を取り除くのです。十の珠を一つ上に動かし，一の桁で五珠を上に上げるということを同時に行って，この五を数に含まないようにするのです。そろばんは次のようになります。

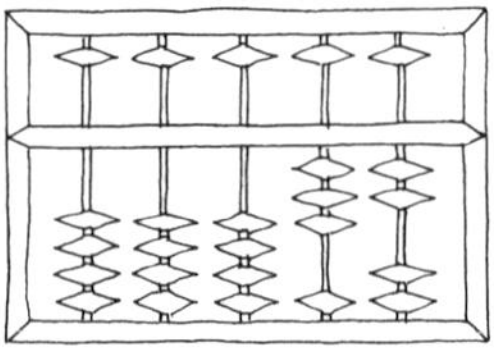

あとは，残りの三つの十（**三十**）を加えれば完成。そこで，十の珠を三つ上に上げたいところなのですが，それに足りる珠が十の桁には残っていません。ここでまた頭を使いましょう。十の桁に三つの珠を足したいのですから，五を足して二を取り除けばよいのです。梁の上にある珠と梁の下の珠二つを下ろせ

ば，これがうまくいき，次のようになります。

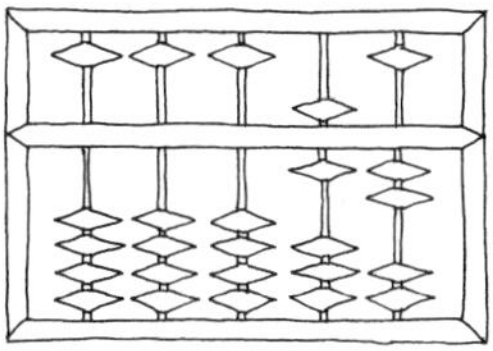

つまり，合計は**六十二**。なんと在庫は必要なぶんより二俵も多かったのです（側室の中には余計にほしがる人がいるかもしれませんよね？）。

そろばんの使い方は，だいたいこんな感じです。実際，これはこれなりに，とてもおもしろいものです。賢く創造的になれるし，たくさんの珠を動かすのは気持ちのよいものです。しかしながら，いつも細心の注意を払わなくてはなりません。

もちろん，そろばん使用の精神的ストレスをやわらげる一つの方法は，珠を増やすことです。たとえば，中国式そろばんの場合，梁の下の珠が五つで，梁の上の珠は二つあります。これにより，数学的優雅さはやや損なわれますが，（頭の中の取り換え作業の回数を減らして）若干精神的に余裕が生まれます。さらにやりたければ，それぞれの桁に二十か三十の珠があるそろばんを考案することもできるでしょう（計算珠がたくさん入った大きなボウルの真似です）。けれども，そうすると，あの認識困難な状況に戻ってしまいます。七つの珠と八つの珠をぱっと見て区別するのは難しいでしょう。

どのような方法を考え出しても，それぞれ長所と短所，利点と難点があり，難なく使えるようになるまで，ある程度の練習が必ず必要でしょう。

もしバナナ部族がそろばんをつくったら
それはどんなものになるでしょう？

8. インド

いくつかの異なる算術体系を見てきました。想像上の部族の言語，エジプト数字，古代ローマ，中国，日本で使われた算術。このような中から私たちがほしいものは何なのか，考えてみるのもよいことでしょう。一つの表現方法がほかよりも優れている場合，違いは何でしょうか？　アバカスから何を見つけ出すべきでしょうか？　ちょっと気取って学問っぽくしてみたければ，このような探求は「比較算術」とでも命名できるかもしれません。

記号を使う数表現体系（いわゆる数言語）にとって，重要な必要条件は認識問題の解決であるということを見てきました。何を表現しているのか一目で簡単にわかるのでなければ，その表現方法を使う意味はあまりありません。ですから，記号は気をつけて選ぶ必要があるのです。区別しやすくてすばやく簡単に書けるものであるべきです。

たとえば，たいがいの古代エジプト人は，計算するときにわざわざ五分もかけて完璧な蓮の記号を描こうとはしなかったでしょう。かわりに，略したものを使い，すばやく簡単に走り書きで済ませたことでしょう。四の数も，縦線四本を書く時間をかけずに，短い横線一本を書くだけで示しました。いかなる言語やコミュニケーション形式でも，このようなことは絶えず起きています。私たちは怠け者で退屈しがちで，さっさと物事を片付けてしまいたいのです。

繰り返しを使う記数法であれば，もちろん，どれだけあるのかわかるように，ある種のグループ化（重ねることや下位グループなど）をする必要があります。中国式体系はこれをうまく解決しますが，引き換えに多くの記号を覚えなくてはなりません。グループサイズを選ぶには少々気をつけたほうがよいでしょう。グループが大きすぎると，残り物が多くなる可能性があり，多くの下位グループか必要になるか，多くの新しい記号を考え出して覚えなくてはなりません。

たとえばバビロニア人は，土台となるグループサイズが六十の体系，六十進法を使いました。これは最大五十九の残り物が出るということです。そっくり同じ楔《くさび》形文字が五十九個も繰り返されるのを見たい人はいませんから，認識しやすくするための何らかの解決方法が必要になります。バビロニア人は十の下位グループを選び，一から九は重ねるパターンを使うことにしました。要するに，グループサイズが大きいと余計な問題が起きてしまうのです。

いっぽう，もしグループサイズが小さすぎると，繰り返しによる問題はまったく起きませんが，数が大きくなるとめんどうなことになります。たとえば，バナナ部族の体系は，数ダースの注文の数を表現するにはうまくいきますが，とても大きい数（たとえば，数百万）となると，より大きい数のグループ記号を大量に必要とし，その表現はあきれるほど長くなってしまいます。

標準的なグループサイズとして十を使うことが，だいたいの妥協点のようです（ダースやグロス*を使うパン屋はあるようですが）。これはそう悪いことではありませんが，私個人としては，十はやや大きすぎると思います。八のほうがよいかもしれません（いつかタコ星人が地球を侵略して，彼らのみごとにうまくできた八進法を強制することを願います）。

このように，記数法に対する私たちの要請は，認識と読み書きが容易で，実用的なグループサイズをもつということです。

アバカス器具の大事な特徴はなんでしょう？　主なものは持ち運びやすさです。重くかさばる大理石の溝そろばんを持ち運ぶのは，けっこうやっかいです。そのうえ計算珠がいっぱい入った袋まで必要です。軽くてすべて備わっている竹や木のそろばんを懐にするっと入れて出かけるほうが，ずっとよいでしょう（もっと現代的な例としては，ノートパソコンを使うか，大学の大型コンピューターを予約して使うか，といったところです）。

もう一つの深刻な問題は，すでに触れてきたように，脆弱さです（特に，猫に邪魔されると危険）。これは確実に，そろばんの大きな弱点です。もしかしたら，最も重要なのは使い勝手かもしれません。使い方を覚えるのはどのくらい簡単なのか？

＊訳注：1ダース＝12，1グロス＝12ダース

石を集めたりコインを数えたりするのと同じくらい簡単で使いやすいのか，あるいは，そろばんのようにかなり訓練や頭の体操が必要なのか？

本当のところ，最善の解決策はありません。今まで考え出されてきた書き言葉も話し言葉もアバカスなどの計算道具も，どれもそれぞれ利点と欠点があるのです。最もよいアプローチは疑いなく，簡単に一つのものからほかのものへ移ることのできる柔軟さと聡明さを保つことです。もちろん，これには相応の労力と用心が必要になるでしょう。もしそうでないなら，典型的な方針は，自分がいる文化で使われる言語やアバカス体系を適度にうまく使えるようになることです。幸運なことに，今は情報処理の黄金時代なのですから，安くて使いやすい電卓がどこにでもあります。なんてラッキーなのでしょう。

いっぽう，私たちはただ計算係になるために生きているのではありません。算術とその哲学を学ぶということは，単にそれに秀でるようになるだけではなく，より広い視野を身につけて世界観を広げられるのです。少なくとも私は，それゆえに物事を学ぶことを楽しんでいます。それに，とてもおもしろいのです。とにかく，算術というものを理解して味わうのなら，常に問いを立て，批判し，調査し，遊ぶべきです。

こうしたすべてのことから私が次にお話したいのは，インドについてです。特に，紀元六世紀にインドの数学者たちが考案した大胆で独創的な算術へのアプローチについて。ある意味，この体系はローマ式体系と中国式体系の優れた点の組み合わせです（もっとも私が知るかぎり，それぞれの文明が直接影響しあったわけではありません）。

インド式数言語も,重ねたり下位グループを使うのではなく，中国式体系のようにそれぞれ異なる記号を使いました。グループサイズは（いつものように）十。ということは，一から九まで簡単に区別できる記号を選ぶことが必要になります。伝統的なデーバナーガリー文字では，次のように書きます。

१	२	३	४	५	६	७	८	९
一	二	三	四	五	六	七	八	九

また新たな記号をどっさり覚えないですむように，ここでは私たちになじみがある（西洋式）アラビア数字に置き換えることにします。

1　2　3　4　5　6　7　8　9

歴史的に不正確で，文化的に無神経すぎると言われる前に，指摘しておきます。インドは非常に広大で，何世紀もの間，さまざまな地方や領地で多様な記号や文字が使われてきました。とにかく，紀元七百年頃からインド式体系はアラブの商人たちに伝わり，彼ら自身の文字を用いてすぐ使われるようになりました。だからここでは，不要なめんどうを避け，使い慣れたアラビア数字を使ってインド式体系を説明しましょう。この歴史的に重要なハイブリッドこそ，世に広く知られるインド・アラビア十進位取り記数法です。

たいへん斬新な考え方が生まれました。ローマ式と中国式では桁記号記数法を位取りのアバカスとともに使っていましたが，インドの画期的な方法では，数を書き表すために，最初から位取り記数法を使うのです。このために，まず縦線の枠を描くことからはじめます。

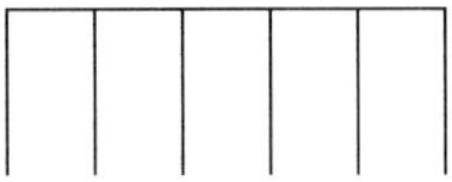

これで白紙スペースが縦の列に分けられました。それぞれの列は異なる位取りに対応し，つまりは溝そろばんの長い溝やそろばんの桁のようなものであると考えましょう。具体的にいうと，一番右の列（つまり「位」）に残り物が入り，その隣の列が十のグループを表し，その隣は百の列，と続きます。ですから，四千九百七十二という数は次のようになります。

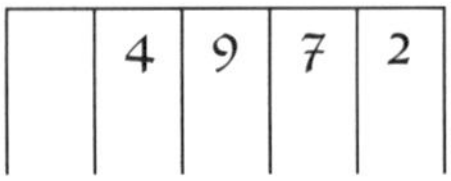

ここで私たちは，固定され限定された値を表現する記号を枠の中に入れて，位取り表現体系を使っています。各枠の中の記

号は「数字」で，英語ではdigit（ラテン語で「指」を意味するdigitusが語源）と呼ばれています。これは，両方の表現方法の最もよい部分の組み合わせです。位取りによって，Cや**百**のようなグループ記号が必要なくなっていますし，枠の中の固定された値のおかげで，小石や珠を使わないで済みます。つまり，この記数法そのものがアバカス体系なのです。つまりこのアバカスは，紙と鉛筆だけという持ち運びやすさなのです！　猫にめちゃくちゃにされるものはありません。それでは，この贅沢にも頑丈な持ち運びやすさゆえに，それと引き換えに犠牲になるものは何なのでしょうか？

欠点は，計算しはじめるとすぐわかります。ある数に一を加えたいとします。溝そろばんではI溝に計算珠を一つ加えればよいだけでした。そろばんでは，珠を一つ滑らせるだけでした。ところが，インド・アラビア式鉛筆と紙アバカスでは，まったく新しいことをしなければなりません。残り物の列の「記号を変える」必要があるのです。

ローマ式や日本式体系において，アバカスは書きとめるための記号とは別のものでした。さわることのできるものを使って計算（や必要な整理しなおしなど）をし，その結果がすっかり出た後に書きとめました。いっぽうインド・アラビア式体系では，書くことと計算することが，切り離せないほど密接に結びついています。小石を動かしたり珠を滑らせたりするのでなく，記号そのものを変化させる操作を行います。このためには，物事を「知る」必要があります。たとえば，**2**より一つ多いのは**3**であるということを知っている必要があるのです。いいかえると，この体系を使うためには膨大な量の記憶が必要となるのです。

一つ例を挙げてみましょう。二つの数を足したいとします。たとえば二十四と十八。ローマ式溝そろばんを使うのなら，単純に二つの数，XXIIIIとXVIIIを溝そろばんで表します。

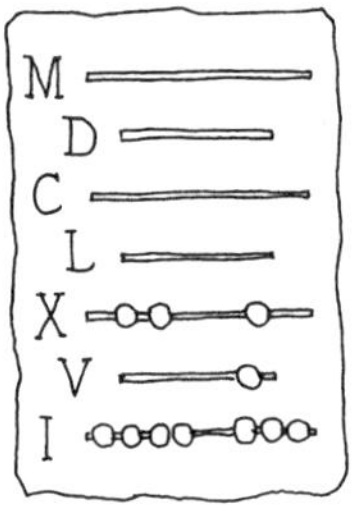

I溝の小石五つをV溝の小石一つに両替し，V溝の二つをX溝の一つに両替し，簡単にXXXXIIと出すことができます。あまり考える必要はありません。

そろばんでは，この同じ計算に少々頭を使わなくてはなりません。まず，**二十四**の数をそろばんで示します。

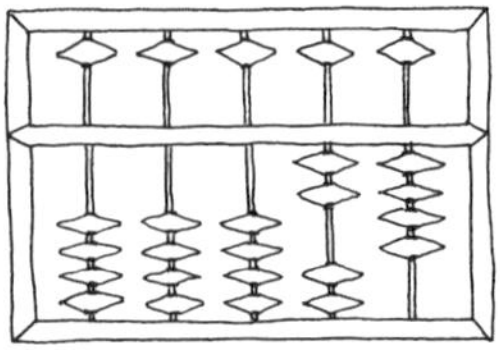

これに**十八**を足すためには，十の珠をもう一つ上げ，八を足すために五珠を一つ下ろして一珠を三つ上げたいところです。ところが，すでに一珠は四つ全部上がっていますので，私たちは頭を使わなくてはなりません。十足して二を取り除くことによって，八を足すのです。ですから，十の珠を二つ上げ，一の珠を二つ取り除くと，**四十二**になります。

インド・アラビア式アバカスでは，さらにもっと頭を使わなくてはなりません。はめたり滑らせたりするものが何もないのです。ただ記号を見つめて，それがどのように「ふるまう」のか理解する必要があります。これは，まったく新たなレベルの抽象化になります。手で持てる具体的な物体を，頭の中で金平糖の精のように踊る抽象的な記号に置き換えるのです。

通常の方法では，両方の数を上下に重ねてアバカスに書き入れます。

	2	4
	1	8

そして，合計を下に書くのです。しかしながら，ここで，両替作業すべてを頭の中でやらなければなりません。ですから，四と八をいっしょにするとグループ一つと残り物二つになるということを，わかっていなければならないのです。この作業を行う小石や珠はありません。二段階に分けて計算をしてみましょう。

まず最初に，残り物を足し合わせます。四と八は十二になりますので，グループ一つと残り物二つ。これを次の行に書いてみます。次に，十のグループに移ると，二と一は三になりますので，それも書きとめます。そしてそれらを合わせると，全部の合計として，グループ四つと残り物二つになります。これは予想どおり。

	2	4	
	1	8	
	1	2	残り物
	3		グループ
	4	2	合計

要は，それぞれの列の合計を得るために，小石や珠の合計ではなく，記号で表現された二つの数の合計を表す記号として得る方法が必要なのです。すでにかなり抽象的な表現体系に，さらに一段階高い抽象化が加わることになります。そういうわけで，5に3を加えると8になるというとき，私たちは，小石を加えるという手順を取り除いた作業をしています。具体的に数えることをしないのです。3の記号は何かが三つなのではなく，三つの物を示すコードです。加えるのはものをいっしょにするのではありません。記号を操作し変化させて，足し合わせた結果を別の記号で表すのです。それは明らかにさらなる抽象化で，知的に大変難しいことです。

二つ以上の数の合計は通常プラス記号（＋）を使って書かれ，これはルネッサンス時代の“and”の略でした。イコール記号（＝）は両側の数量が同じであることを示すために使われます。ですから，たとえば3＋5＝8と書くと，情報はすべて短くわかりやすく含まれています。同じように，マイナス記号（−）を使って引くことを示し，たとえば8−5＝3と書きます。口頭で言うときには，「三足す五は八」「八引く五は三」と言います〔足すを意味するplusと引くを意味するminusという言葉は，単にラテン語の“more（より多い）”と“less（より少ない）”です〕。

とにかく，私たちは記号の和や差をどっさり大量に暗記する必要があります。特に，一から九までの数の二つのすべての組み合わせの合計を（記号の形で）知らなくてはなりません。一つできる方法は，すべてこの情報をいったん書き出して，算術を行いたいときのために持っておくことです。こうすれば，8足す4を計算することになったとき，その表を見て合計が12になると見つければよいだけです。もちろん，引くことにも同じような表が必要でしょう（もし表を忘れたら，必要に応じていつでも指で数えられます）。

1から9のインド・アラビア数字の記号を使って，
すべての和と差の表をつくりましょう。
あるパターンに気づきましたか？

これで大量に記号データを記憶しないでも済みますが，すぐにめんどうでうんざりしてしまうでしょう。手はじめとしては，語呂合わせをつくって覚えるのも理屈に合った方法かもしれませんが，そういう記憶というものは助けにならず，すぐめんどうなものになりがちです。文字を読むことを学ぶのにも，最初は一つひとつの文字の発音を覚えることが必要で，その後初めて文を読むことに挑戦するわけです。しかしめざすものは流暢さです。書いてあることをほかの道具に頼らず楽々理解できるように。何百回も見た文字のパターンは即座に認識できるように。インド・アラビア十進位取り記数法についても同じことがいえます。

こうしたことで人々がよくしでかすまちがいは（子どもが興味をもつよりずっと前に教えようとすることを別にすると），無理やり暗記しようとすることです。これは，情報をまとめて覚えるためのよい方法ではありません。たとえば，もし何らかの理由で明日の朝までに州都を絶対に覚えないといけないはめになったら，とにかく何とか頭に詰め込むしかないでしょう。でも，ケンタッキー州の州都がフランクフォートであると知ったからといって，どれだけ知的可能性の新たな世界が広がるでしょうか？

まったくもって，このように物事を記憶するのはよくありません。とりわけ，インド・アラビア数字の和は，高度な相互関係パターンがある情報なのですから。このようなことを学ぶ最善の方法は何度もやることです。経験から自然とこのパターンに慣れるでしょう。前にやったことを忘れて初めからやりなおさなければならないこともあるでしょう。それでよいのです。楽譜を読むことでも同じようなことが起きます（私は未だにヘ音記号ではしくじりますが）。スペルでも同じで，だからこそ辞書があるわけです。

実のところ，行き詰まること（たとえば，$7+8$について）は，あなたにとって最良のできごとかもしれません。取り組みを見なおして，自分がしていることは何であるのかを理解する機会だからです。見なおしてみると，今あなたがやっているのは，数情報を比較するために整理しなおすということです。あなたはある数量の物を持っています。七つの物と八つの物の和で，それはあなたが持っている物の数量についての完全で明確な答えです。それ以上何もしないでよいのです。$7+8$は解決を必要とする問題でも，答えを求める問いでもありません。そういう数というだけです。えっ，何か言われましたか？　何か別のものと比べたいのですか？　わかりました。比較となると話は別です。この表現の形を，もっと比較しやすい便利な形に整理しなおしたほうがよいでしょう。たとえば，たくさんの卵（一羽のメンドリが七つ，もう一羽が八つ産んだことにします）が，一ダース入るパックにうまく入りきるかどうか知りたいとします。つまり，七に八を加えると十二より大きくなるかどうか知りたいわけです。

これをインド・アラビア数字を使って計算したいとすると，十と残り物にグループ化をして，これらの数を記号で表現することになります。そして，この問題は次のようになります。七と八を合わせると，十のグループがいくつできて，残り物がいくつ出るでしょうか？

私が好きな方法は，まず片方の数（ここでは八とします）を選び，それを十のグループぴったりの数に増やすには何が必要なのか考えることです。この場合は，二増やす必要があります。小石を使って考えると，七個の小石から二つ取って，八の小石の集まりに移してしまえば，一つグループができあがります。これによって，七つの集まりから二つ減り，その集まりは五つになります。グループ一つと残り物五つ，すなわち十五です。七足す八は十五だというとき，実際に意味しているのは，七と八を合わせたものは，十のグループ一つと残り物五つに整理しなおすことができるということなのです。そもそも十五という単語自体，単に「十と五」なのです。

ですから（本当にすらすら算術ができるようになりたければ），いろいろ試してみて，小さな数やいかにさまざまなグループができるのかということに親しむことが大切です。インド・アラビア記数法を使いたいのならば，特に十のグループと親しみましょう。実のところ，このようなことを見つめ，数量を整理，再整理する賢い方法を追求することは，とてもおもしろく満足できるものです。たとえば，もし7，8，4，3，2，5という数のリストがあり，その数全部の合計を出したいとします。7を3と組み合わせると十のグループになり，8は2と組んで一つのグループになり，4と5が残り，それで9になることを私は知っています。ですから，グループ二つと残り九，つまり29になります。二十九という言葉はこのグループ化そのもので，二十は十が二つあるということなのです。

とにかく，大事なことは，しばらくいろいろ試してみると，この新しい友人の行動がわかるようになりはじめるということです。わざわざ何かを記憶しようと頑張る必要はありません。もちろん，あなたがそれをお望みなら別ですが。

バナナ部族のためにインド式体系をつくってみましょう。
記号の数はずっと少なくなります。
さまざまな数の和を覚えることができますか？

一桁の数同士の合計をすべて知っているか，その表を手元に持っているとしましょう。この新しい体系がいかに柔軟で便利なのか理解するために，次の問題の答えを考えてみましょう。千八百四ポンドの象と六百九十七ポンドのゴリラをいっしょに貨物用エレベータに乗せられるでしょうか？　このエレベーターの重量制限は二千五百ポンドです。

まず，この二つの数をアバカス枠に入れてみます。

	1	8		4
		6	9	7

一つ目の数には十がまったくなく，二つ目の数には千がありません。ですから，もちろんその記入スペースには何も書きません。

それでは，十，百などごとに，それぞれの数量を足しはじめましょう。どこからはじめるかですが，とりあえず百からやってみます。六と八を合わせると十四(つまり，十のグループ一つと残り物四つ)になるということは(どのような手段を用いても)わかっていることで，ここでは百が十四あるということになります。同じように，七と四は十一(七は，四から三をもらって一つのグループになりますので，一が残ります)になり，合計十一の残り物になります。

ここまでで言える，完全に理屈にかなったことは，この合計が一個の千と十四個の百と九十と十一であるということです。まちがいでも悪いことでもありません。おそらく，わかりづらいことですが，不正確ではまったくありません。ただ，バラバラのところがあり，そのまま比較するには不便です。お好みであれば，次のように書くこともできます。

	1	8		4
		6	9	7
	1	14	9	11

ちょうど，二つの数を溝そろばんで表し，それぞれの溝の計算珠を寄せ集めたのと，とても似ています。ですから，できるかぎりうまくまとめるには，ここから両替作業をしなくてはなりません。溝そろばんやそろばんでは，小石や珠を移動して取り除いたり加えたりして行いました。

インド式アバカスでは，記号を解釈しなおすということになります。一セントコイン十枚を十セントコイン一枚に両替したり，I溝の計算珠十個を取り除いてX溝の計算珠一個と取り替えたりするかわりに，私たちは，一の列の十は十の列の一と同じであると単に理解することが必要になります。同じように，百の列の十が千の列の一と同じと考えられることもです。

これにより，先ほどと同じ結果を次のように書くことができます。

	1	8		4	
		6	9	7	
	1				千の合計
	1	4			百の合計
			9		十の合計
			1	1	一の合計

ここでは，ただそれぞれの列の合計を別々に出し，各合計をアバカスに書きこみました。ただし，百の列に**14**と書くかわりに，解釈しなおして，百の列の十を千の列の一に両替しまし

た。十一個の一についても同じです。つまり，これもまた同じ数の別の形なのです。もちろん，まだすっかりまとまっておらず，いくつもの行のあちこちに散らばったままなので，まだ作業を続けましょう。最終的には，これらの列すべての合計を出す必要があるのです。

	1	8		4	
		6	9	7	
	1				
	1	4			両替後の各列の合計
			9		
			1	1	
	2	4			
		1			整理した合計
				1	
	2	5		1	最終合計

今回，十の列からは十個の十が百になってあふれ何も残り物を残しませんでした。ですから最終的な合計は，二つの千と五つの百と一ポンドとなり，重量制限を少々超えることになります。動物たちを貨物用エレベーターに乗せる前にわかって幸いでした。

さて，先ほどの計算を見て，やる気をなくし，うんざりだと思ったかもしれません。確かに長々と，いくらか効率の悪いものでしたから。でも，それは予想どおりのことです。何を行うにも最初は少々やっかいなものです。そして実際，これまでの千五百年の間，この体系の表記法にもアバカスの操作方法にも数多くの改善が加えられてきました。

手際がよくて，注意深く，きちんと整理できる人にとって，簡単な改善案の一つは，枠を取り払い，ただ数字をきちんと並べて書くことでしょう。

18 4
697
___

これにより多くの時間と労力が節約され，見た目もずっと単純になります。もちろん，この方法には問題もあります。明らかなのは，使い手がきちんと整理整頓して，そこそこきれいに手書きをしなくてはならないことでしょう。あなたにそれができないならば，枠とその線を使い続けたほうがよいでしょう。罫線のあるノートの紙を横にして使ってもよいでしょう。

列を分ける線を取り払ったことによる別の大きな問題は，あいまいになりがちということです。もし**2　8**と書いたら，二十八（**2**と**8**の間にはけっこうスペースが空いていますが）なのか，それとも二百八，二千八なのか，スペースの意味がよくわかりません。記号間のスペースをどれだけとればよいかを規定することは難しいでしょう。私たちはそんなめんどうをがまんするにはとても怠け者でいいかげんすぎますから。

そこで，インドの算術者たちは，すばらしい革命的でおもしろい解決法を考え出しました。何もないことを表す新しい記号をつくったのです。単に数言語を拡大して，「空欄」つまり場所確保の記号を含むことにしたのです。おかげで，（記号間のただのスペースでなく）その列が空っぽであることを判別できるようになりました。

何もないことを表す記号をもつのは，皮肉なことであり賢明なことでもあります。ただ表現体系に新しい記号を加えただけでなく，これは，数量の世界に新たな数を巧みに加えているのです。一つもレモンを持っていないときに，あなたが持っているレモンの数は，ゼロ。これは明確に，問題なく認識できる数量で（無一文のときや，チョコレートが完全になくなることは，わかりやすいですね），ひどく複雑でもなければ，取り扱うのが難しい量でもありません。ビリー・プレストンの歌「ナッシング・フロム・ナッシング」の歌詞にも，「何もないから何もないでは，何もないまま」とあります。

もちろん，ゼロは数としては本当に役立つ実用性があるわけではありません。インド・アラビア体系においてその機能は，場所を確保して位取りを示す記号，つまりそれぞれお互いにどこに位置しているのかを私たちに教えて，ほかの記号に意味を与える記号なのです。ご存知のように，インド・アラビア数字のゼロの記号は通常0です。（これはよく似ているO《オー》の文字とまちがえやすいですが，それはアラビア記号をアングロサクソン系言語に取り入れて，ローマ式アルファベットを使うから起きるのです。)

これでもう，アバカス枠をすっかり捨てることができ，数を自由に書くことができます。空欄を示したいときは，いつでもこの新しいゼロの記号を使うのです。28と208と2008を，はっきり区別して書くことができます。

さて，ゼロの話のついでに言わせてもらうと，私には，何がそんなに大ごとなのかまったくわからないことがあります。どういうわけか，多くの人が「ゼロの発見」を何か画期的な大事件のように騒ぎたてています。算術の歴史においてだけでなく，文明発達そのものにおいてもです。私に言わせれば，これは馬鹿げたことです。さらに言うと，くだらないことです。ゼロの考え方は，アバカスの枠を取り払ってくれるだけのことにすぎません。確かによいアイディアではあります。けれども，画期的な概念はゼロではなく，枠の線があろうがなかろうが位取り記数法の考え方のほうなのです。

また，インド・アラビア・アバカス体系をよりよく使うもう一つの方法は，いつも右から左に計算を行い，数の両替回数を減らすことです。まず最初に残り物分の両替を行い，十のグループを集め，それから十の列の作業に進むのです。こうすれば，いったん列内の両替を終えた後は，それをやりなおして修正する必要が起きません。先程の例で，このさらに効率のよい方法を使ってみましょう。

$$
\begin{array}{r}
1804 \\
697 \\
\hline
1
\end{array}
$$

一番右(つまり一の位)からはじめると，**4**と**7**で**11**になり，つまりはグループ一つと残り物一つということで，その残り物を書きとめます。さて，記憶すべきは(これが大事！)，十のグループを一つつくったということです。ここに書かれている九だけでなく，もう一つ十のグループが実際にはあるという意味になり，要するに，合計十個の十のグループがあるということになります(これはすべて頭の中で行います)。つまり，百が一つで十の残り物はないということになります。では，そのことを書いておきましょう。

$$
\begin{array}{r}
1804 \\
697 \\
\hline
01
\end{array}
$$

この段階で，十個の十を百に両替したわけですが，これを覚えていなくてはなりません。書くことを減らし，考えることを増やす——これが約束事です。

次に，百に移ります。もちろん八と六は十四になりますが，十個の十を両替した一を加えることを忘れてはいけませんので，合計は十五個の百になります。つまり，五個と十個の百で，これは五個の百と，十個の百である千が一つということになります。要するに，残り物は五個の百で，次のように書くことができます。

$$\begin{array}{r} 1804 \\ 697 \\ \hline 501 \end{array}$$

そしてまた気をつけて，千を一つつくったのだということを忘れないようにしなくてはなりません。これと，すでにアバカスにある一をいっしょにすると，千が二つということになり，それが千の合計数で完成です。

$$\begin{array}{r} 1804 \\ 697 \\ \hline 2501 \end{array}$$

こうすれば，前より速く計算でき，書くこともだいぶ少なくて済みます。もちろん，それと引き換えに，記憶に頼ることがずっと多くなります。けれども，実際のところ，何を記憶しないといけないのでしょう？

二つの数を足し合わせているだけならば，最悪起きうることは，一つの列から「あふれ出し」て，次の列への追加になることです。あふれたかどうかを覚えないとならないだけのことです。そんなに難しいでしょうか？

私が好きな考え方は，想像上の針で縫物をしていることを思い浮かべることです（想像上の糸は必要ありません）。まず，針を一の列に（上から下へ）通し，その列にある数量を針に刺して持ち上げます。

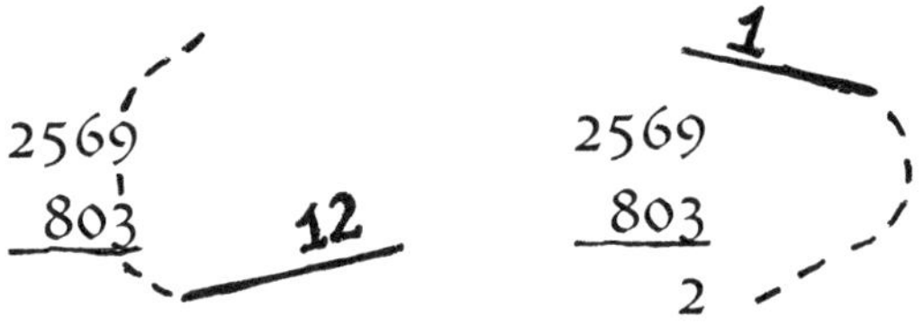

つまり，針は最初に**9**を刺し，つぎに**3**を刺します。九足す三は十二ですから，針には**12**が刺さっていることになります。そうしたら，残り物の個数を表す数字（この場合は**2**）だけをその列に落とし，針に残っている**1**は十のグループをつくるのですから刺したままにします。そして，針はまた一番上へ戻って次の列に移り，針に刺さったままの**1**はその列に属するものとして数えます（これでもともと一の列にあった十である**1**が，簡単に十の列の一になるのですから，両替や解釈しなおしを賢くやりとげることができます）。

この手順は「繰り上げ」と呼ばれ，想像上の針はまさに**1**を持ち上げて移動しています（といっても，あくまで比喩ではありますが）。ここで私は，繰り上げた1を「有効」にしたいので，その列の一番上に加えます。すると，この場合は6が（私の頭の中で）7の記号になります。この方法を最後（一番左）の列まで繰り返します。

私が覚えて思い浮かべる必要があるのは，この針が「縫う」ときに1が刺さったままであるかどうかということだけです。このたとえは，インド・アラビア式アバカスのやや機械的な性質を強調し，まるで編み物，縫物，のんびり手作業を行う手芸のように思わせてくれます。とにかく，私はこの考え方が好きです。けっこうすばやく，精神的にあまり負担にならず，作業を済ませることができるのですから。

もちろん，このちょっとした精神的労力を使うことすら大変だと思う人もいるでしょう。針に刺さったものを記憶できないと，何らかの理由で思われる場合に。そんなわけで，実際多くの人々は，忘れないように1をそれぞれの列の上に書くようにと習います。

$$\begin{array}{cccc} {\scriptstyle 1} & & {\scriptstyle 1} & \\ 2 & 5 & 6 & 9 \\ & 8 & 0 & 3 \\ \hline 3 & 3 & 7 & 2 \end{array}$$

けれども，これは少々愚かなことだと思えます。十のグループをつくったばかりで，そのほんのちょっと前のことを覚えているのが，どれだけ難しいのでしょう？　もちろん，各自好きなようにすべきです。けれども，ほんとうにすらすらできるようになりたいのなら，小さい**1**を書くことは止めたほうがよいでしょう。それに，紙の上が散らかり，元々の数字がわかりづらくなってしまいます。そんなことをするくらいなら，これとは違うアバカス体系を使うことをおすすめします。溝そろばんとか計数コインとか。そうすれば，何も覚える必要はありません（両替レート以外は）。

当然ながら，三つ以上の数を足し合わせるときは，要求がより多くなります。たとえば，もし**3278**と**867**と**2389**の合計を求めたいとしたら，まずいつものように桁をそろえて並べることからはじめます。

$$\begin{array}{r} 3278 \\ 867 \\ \underline{2389} \end{array}$$

それから，最初に針を**8**と**7**と**9**に刺すと，合計は残り物**24**になります（この段階でも，頭の中で繰り上げるわけです）。**4**を落として，**2**を刺したまま針は二つ目の縫い目に移っていきます。

$$
\begin{array}{r}
3278 \\
867 \\
\underline{2389} \\
4
\end{array}
$$

針に刺したままの2が7を9に変え，それを6と8と合わせると23になります。それで，3を書いて，2は針に刺したままにします。

$$
\begin{array}{r}
3278 \\
867 \\
\underline{2389} \\
34
\end{array}
$$

繰り上がった2は，三つ目の列にある2と8と3と合わさって15になりますので，5を落として，1を最後の列へ繰り上げます。これで，千の位は合計6になります。

$$
\begin{array}{r}
3278 \\
867 \\
\underline{2389} \\
6534
\end{array}
$$

これでできました。どれだけたくさんの数を足し合わせたいのであっても，同じテクニックを使うことができます。列の合計を頭の中で覚えていなくてはならない量が増えて，難しくなるだけです。時間をかけて上達しようとするやる気があるかどうかはともかく，この方法が完全に普遍的であるのはよいことです。

もちろん，（私を含めて）多くの人は，体系的な方法などまったく考えもせずに，頭の中で整理しなおしや両替作業を行います。「さて，これは2569＋803。二千五百，それから八百。となると，三千三百。それから，六十と十二があるから，七十二。それなら，3372。できた」。当然，このようなことには，少々の集中力や適度な経験が必要ですが，ほとんどの方の能力でじゅうぶんできることでしょう。

私は，列の両替をやりなおす余計な手間がかかるにもかかわらず，ときどき左から右方向へ作業をしてみたくなることがあります。合計が大きすぎる数になることが明らかにわかり，それ以上細かい部分を計算する必要がないことが多々あるからです。とにかく，各自が好きなようにできて，好きなようにすべきだということが大事なのです。とりわけ，あなたが独自の計算方法を考え出すときには。

十世紀の地中海で活躍する
アラブの商人になったと想像してください。

あなたの船一隻には800トンの貨物を積むことができ，
もう一隻には825トン積むことができます。
あなたの貨物は：

香辛料：152トン

じゅうたん：721トン

茶：312トン

絹：465トン

すべて二隻の船に積めるでしょうか？

ここで，インド・アラビア体系の引き算についても見てみましょう。すぐにまたたくさんの新たな記号的「数の事実」を覚えなくてはなりません（たとえば，12から7を取り去ると5が残る，というようなこと）。ここでもまた，このようなことを学ぶ最善の方法は暗記しようとするのではなく，ただそのたびに小石や指でやってみて，しばらく続けながら自分に染み込ませてしまうことです。染み込まなかったとしても，たいしたことではありません。何度読んでも，どうしても意味を覚えられず，見かけるたびに辞書を引かないとならない言葉というものも必ずあるものです。私の場合は，なぜかontologicalという言葉がそうです（しまった！　今もまた辞書を引かなくてはなりません）。

では，すべての小さな数の差を経験から覚えてしまったとしましょう（もしグループサイズが五とか六ならば，とても簡単だったはずです。そうでなくて残念！）。さて問題は，引くときに頭の中で行う両替作業とはどういうものなのかということです。

十二世紀のアラブの絹商人になったと想像してください。最近，サフラン色の絹織物1876反と藍染絹1422反を船に積んでナポリへ航海しました。そして，サフラン色の絹織物1551反と藍染絹973反を売りました。どれだけ在庫が残っているでしょうか？

サフラン色の絹織物からはじめましょう。もちろん，経験豊富な商人はこのような計算をさっと頭の中で行うのでしょうが，ここでは，そんな自信がないことにします。通常の方法は，大きいほうの数の下に小さいほうの数を書きます（さして大事なことではありませんが）。

$$\begin{array}{r}1876\\ \underline{1551}\end{array}$$

溝そろばんでは，単に必要な計算珠を取り除くだけでした。Ｉ溝とＬ溝とＤ溝とＭ溝から，それぞれ一つずつ取り除きます。しかしながら，今回は純粋に記号で行わなくてはなりませんので，つまりは記憶で行うことになります。

$$\begin{array}{r} 1876 \\ 1551 \\ \hline 325 \end{array}$$

二つの小さな数の差を知っているのならば，ただそれを書けばよいだけです。6引く1は5，7引く5は2，8引く5は3。ですから，325反のサフラン色の絹織物が残っています。

藍染絹のほうは，もうちょっと複雑です。まずアバカスに数を入れてみると，次のようになります（それぞれの数がお互いまっすぐ並ぶように書きます）。

$$\begin{array}{r} 1422 \\ 973 \\ \hline \end{array}$$

溝そろばんやそろばんを使っていたら，両替作業をはじめる必要があります。たとえば，I溝には計算珠が二つしかないのに，三つ取り除かなければなりません。そこで，X溝の計算珠一つをI溝の十個に両替します（あるいは，時間を節約したければ，V溝に一つ，I溝に五つ）。これで，私たちが三つ取り去るのにじゅうぶん足りるぶんがI溝にあります。ですから，溝そろばんで引き算をするときは，数情報の一部を両替前に戻す，つまり，まとまったものをばらし，より少ない値のものを引き算に足りるようにしてやる必要があります。もちろん，これは表現されている数量を変えるのではなく，ただ外側の形を変えるだけのことです。

そろばんでも,同じようなことをする必要がありますが,もっと手の込んだ方法です。十の珠を取り除き（つまり，その珠を梁から離し，数に含まないようにします），その十を戻す必要がありますから，三を引き，それは七を足すのと同じで，五珠一つと一珠二つを加えることになります。

インド･アラビア式ではこの両替をすべて頭の中で行います。十を一個取り（となると，十は一つだけ残ります），それを十個の一にばらします（となると，一の列に十二あることになります。三を取り除けば，九が残ります）。それを書くと次のようになります。

$$\begin{array}{r} 1422 \\ 973 \\ \hline 9 \end{array}$$

ちょっとまちがえやすいのは，十の列にある**2**は実のところ**1**であるということだけです。十を一つすでに両替してしまったのですから（この方法はよく，**1**を「借りる」と言われますが，実のところ借りるというよりは両替しています。すでに借金を返しているのですから）。

実際に線を引いて**2**を消して，**1**に置き換える人もいます。

$$
\begin{array}{r}
1 \\
14\cancel{2}2 \\
973 \\
\hline
9
\end{array}
$$

やったばかりの両替を忘れるかもしれないと不安でやることなのでしょう。そんなことはばかげていると思います。そもそも，理由なしに作業を遅らせ，さらに非常に不快なことに，私たちが取り組んでいる集中すべき数のまわりを散らかしてしまいます！　今やったばかりのことなのに，覚えているのがそんなに難しいのでしょうか？　そんなことをするぐらいなら，借りをつくる数の上にただ点をつけるなど，見た目より実際は一つ少ないことを示す無害な印をつけたらよいのではないでしょうか？

このような時間ばかりかかる意味のない方法に頼らず，単純に計算を進めることをおすすめします。私たちの針が何かを「刺したまま」かどうかだけ覚えている必要があったように，ここでは，私たちが借りた（あるいは盗んだのかもしれませんが，呼び方は関係ありません）ことだけ覚えていればよいのです。

さて次に，十が一個だけのところから七個取り去らなくてはなりません。また両替が必要です。百を一個取って，十個の十（それこそつまりは百で，グループのグループにつけられた名前なのです）を合わせれば，十一個の十を使うことができます。これで簡単に七個の十を取り除くことができ，十が四個残ります。

$$\begin{array}{r} 1422 \\ 973 \\ \hline 49 \end{array}$$

計算はとても順調に進んでいます。ただし，百の列の4は3とみなされるものなのだということを覚えている必要があります。そしてまた，九百を引かなくてはなりませんので，もう一度両替が必要です。千を十個の百にすると，十三個の百ができ，九個取り除くことができ，四個残ります。

$$\begin{array}{r} 1422 \\ 973 \\ \hline 449 \end{array}$$

最初は複雑に思えるかもしれません。たくさんの記号化された情報を覚え，頭の中で両替し，それを行ったことを覚え，それぞれ適切に並べるのですから。でもちょっと練習すれば，これはとても簡単で，楽しいくらいです。前に書きましたが，ただの記号の編み物なのです。少々の基本の動きを何度も何度も繰り返して生み出せる大きな価値のあるもの——この場合，それは情報です。さて，449反の藍染絹が残るという答えが出て，

450反の注文は受けられないとわかりました。

倉庫の火事で藍染絹449反のうち288反が燃えてしまいました。
さらに75反は虫に食われてしまいました。
それでもまだ，スルタンが注文した84反に
じゅうぶんな在庫が残っているでしょうか？

インド・アラビア体系で注目すべきことの一つは，両替レートが統一されていることです。各列はその隣の列のぴったり十倍の値なのです。溝そろばんのような下位グループはなく，それぞれの両替はいつも同じです。ある列から一つとって，すぐ右隣の列を十増やすのです。いったんこれに慣れれば，十の列でも千万の列でも，どれでも大丈夫になります。方法は同じなのです。これはとてもよい特徴です。

たった一つだけ少々紛らわしくなる場合があります。それはある列の引き算で，隣から借りてこなくてはならないのに，隣の列が空っぽのときです。つまり，両替できるものが何もないということです。たとえば，つぎのような引き算をするとします。

$$\begin{array}{r} 2057 \\ 386 \\ \hline 1 \end{array}$$

ここでは二番目の列(十の列)に五しかないのに，八を取り除かなければなりません。いつもの方法は百を両替して，十五個の十にすることです。ところが，残念なことに，百がまったくないのです。

もちろん，ローマ人ならM溝の小石を一つ取り，いくつもの百に交換して，じゅうぶん足りるようにしたことでしょう。私たちの場合，これは百の列の**0**を実際十とみなし，千の列の**2**を頭の中で**1**とすることになります。

紙の上　**2057**　⇨　頭の中　**1　10　5　7**

さあ，これで百がたくさんありますので，簡単にその一つを両替して十個の十にすることができます

1　10　5　7　⇨　**1　9　15　7**

要は，二千五十七の数を，一個の千，九個の百，十五個の十，それから七であると考えているのです。このように，ゼロがそこにあると，頭をちょっと多く働かせる必要があります。たいていの場合，やっていることをはっきりさせて，混乱しないように努力すればよいことです。けれども，普通の編み物と同じように，ときには編み目をぬかしてしまって，ちょっと後戻りすることもあるでしょう。それもおもしろさのうちです。とに

かく，紙の上で私たちの計算はこのようになります。

$$\begin{array}{r} 2057 \\ 386 \\ \hline 71 \end{array}$$

ここで私たちは，十の追加分を得て（おかげで十が十五個になりました），八個取り去り，七個残りました。このとき覚えておくべきことは，千の列には一しか残っていないということです。けれども，百の列には九があります。結果は次のようになります。

$$\begin{array}{r} 2057 \\ 386 \\ \hline 1671 \end{array}$$

次に私がやっておきたいのは，ささっと下の二つの数を足して，合計が一番上の数になることを確かめることです。私は足し算のほうがずっと速くできるので，これは確認するのにとても簡単な方法です。思ったとおり，うまくいきました。

一般的に言って，引き算では大きな数から引くほうがよく，それは両替回数を少なくできるからです。私は通常，頭の中の一つの列の中に，十いくつかはもちろん，二十いくつかまで入れてしまいます。たとえば，二つの数，453と866を足し，そこからもう一つの数，395を引く必要があるとします。たいていの場合私はわざわざ両替など行おうとしません。453と866は，12　11　9（十二個の百と十一個の十と九）ですので，395を引いて924と答えを出すのは簡単です。とにかく，本当にすらすらできるようになると，どんな表現でも楽にわかるので，自分独自の方法を考え出したくなってくるでしょう。ぜひ，お試しください。

5003－2684と4086－1767のどちらが大きいでしょうか？

ここで（そして，この本全体を通して）私が本当に指摘したい重要なことは，数情報を記号化してうまく処理するためによい方法はたくさんあるということで，みなさんはどれでも自分にぴったりだと思う方法を使うことができるのです。体系だの規則だのという面から考えるより，むしろ自由に使える選択肢や道具として考えましょう。十の列に四十七を入れたいのに入れられないなどという規則はありません。唯一の重要なことは，自分が何を意図し，何を求めているのかわかっているかどうかということだけです。ですから，いろいろ試してみましょう！

インド・アラビア体系についてもう一点。すっかり記号化された位取り表現体系（軽くて丈夫なアバカスとしての機能つき）なのですから，どんどんより大きい数量にしてもほとんど苦労しないで済みます。いっぽうエジプト式，ローマ式，日本式では，新たなグループ化をするたびに新しい記号を加える必要があります。インド・アラビア体系には，このような負担がありません。必要なのは，もっと列を加えるだけで，ささいなことです。原則的には，次のような天文学的な数ですら対応することができます。

180224600381257928805

この体系では，このような巨大な数量でも簡単に書いて計算できるというのは，私たちが思いついたり理解したりできるかどうかは別として，うれしいことです。

このような数をどう言うかという問題が残ります。ある意味，新しい種類の認識問題にぶつかることになります。もちろん，数字の列自体がすべての情報を含んでいるのですから，これはたいした問題ではありません。実際，十，百，千といった言葉は本当に必要ではありません。「三百二十八」と言わずに，ただ「三 - 二 - 八」と言うだけでもよいのです（そう言うこともよくあります）。

実のところ英語には，million（百万），billion（十億），trillion（兆）などの言葉があって（さらにoctillionオクティリオンという擬似語まであります），より大きな位を示します。

英語では，たいてい列三つごとにグループ化を行い（私たちはなんてしょっちゅうグループ化をするのでしょう！），三つ目の位ごとに新しいグループ名を考え出しました。ですから，40261396のような数は，40　261　396と分けられることになり，「forty million, two hundred sixty-one thousand, three hundred ninety-six」と読みます。通常，（少なくともアメリカでは）このようなグループをコンマで分け，40, 261, 396と書きますが，この伝統はすたれつつあるようです。ヨーロッパでは，ピリオドが使われることが多く，40. 261. 396。おもしろいことに，多くのアジア諸国では，四列ごとに位を新しく名づける習慣があります。*

タコ星人がやってきて，
（八にもとづく）八進法を制定しました。
ありがたいことに，01234567の数字記号は
そのままにしてくれました。この新しい体系で
二百七十三はどのように書けばよいのでしょうか？

＊訳注：実際日本語では，40261396を「四〇二六万 一三九六」と四列ごとの位で読みます。

9. ヨーロッパ

さて，私たちの短い「なんちゃって算術史」にも，ややなじみあるものが登場するようになりました。そのために，より注意を払い頭を使うことが重要になってきます。なじみがあることの問題点は，つい侮りがちになることではなく，むしろなじみがあるせいで視野が狭くなってしまうことです。インド・アラビア十進位取り記法で育ち，ずっとその特定の記号や数字列，またその呼び方にどっぷり浸かってきたので，全体像の視野を失いやすく，理解するかわりに慣例（もちろん学校で習ったことなど）に流されがちになるのです。

特に，数それ自体（つまり抽象的な数量）と，それぞれの文化が選んだ表現とは，必ずはっきり区別し続けてください。インド・アラビア記数法はけっして神聖で犯すことができないものではないのです。人間が考え出したこの種の多くの体系の一つにすぎず，確かに広く普及してなじみがあるとはいえ，決してよく使われている唯一のものというわけではありません。たとえば，五本棒の門は今でもたいへんよく使われています。

数を表現するにはかぎりなくさまざまな方法があり，私たちがその多種多様な方法の長所と短所についてどう感じるかにかかわらず，確実に一つ指摘できるのは，「数自体はそんなことを気にしない」ということです。六は，あなたが六につける呼び名に興味をもちませんし，ましてや，あなたがその名をどう走り書きするかなどまったく気にしません。六は六，いや，むしろ六は六であることを体現する実体なのです。六は偶数で，五より一つ大きい。これは，言語や文化から独立した本質的な特徴です。6をひっくり返すと9のようだという観察結果は，この数についての説明ではなく，あるアラビアの走り書きの形についてのことです。できるだけ後ろへ下がって，その言語（特に十というグループサイズの選択）から自分を自由にすればするほど，あなたの視点はより柔軟で数学的になるでしょう。

数学者として，私は数を記号的に考えないようにしがちで，そのうえ必ずしも数量としてすら考えないようにしています。私にとって数はさまざまにふるまうある種の生き物で，私はそのふるまいを観察し，学び，理解しようとすることに追われています。状況によっては，数をある記号で表すかもしれませんが，その選択は私自身の目的と美的感性に導かれてのことで，同時代の商人たちがたまたま使っているからではありません。ここで私が言いたいのは，ある体系を使い慣れているためにその恣《し》意《い》性を見失わないよう気をつけてほしいということです。

インド・アラビア十進位取り記数法は十三世紀初期にヨーロッパへ伝わりました。この新しい算術体系の普及と大衆化に重要な役割を果たしたのは，ピサのレオナルドとも呼ばれる数学者レオナルド・フィボナッチの著書『算盤の書』でした。実際上ヨーロッパ初の算術の教科書と言われています。

インド・アラビア体系は，扱いにくいローマ式体系よりも明らかに利点があることが学者やプロの会計士にはすぐ認められたものの，一般に受け入れられるには長い年数がかかりました。十八世紀になっても，教育を受けた大人でさえ難しく専門的すぎると思ったものでした。

それでも結局，小石やビーズやコインを使わずに済む記号計算体系の便利さは，紙の価格が手ごろになるにつれて，新たなことを学ぼうという人々の自然な意欲のせいもあって，定着していきました（もし今現在，さらに新たな改善をこの体系に加えるとしたら，人々はどれだけそれを受け入れたがらないことでしょう？）。

実際，そのような改善の一つが，一七八九年のフランス革命勃発後に提案されました。新政府はアンシャン・レジームの遺物をなんとしても取り除こうと，ローマ時代から使われてきた古い度量衡法の廃止を決議し，もっと現代的，合理的で科学的に啓蒙された度量衡法，いわゆるメートル法を採択したのです。

グループサイズが十である数表現体系を使うのなら——確かに十八世紀後期にインド・アラビア体系はヨーロッパのほぼ全域で慣習的に使われていて——すべての単位を同じ路線で整理することが理にかなっている，という考え方です。

つまり，一マイルは八ハロン，一ハロンは二百二十ヤード，一ヤードは三フィート，一フィートは十二インチ（これがさらに四分の一，八分の一，十六分の一に小分けされます）というのではなく，革命政府は，より十進法に向いた度量衡法を使うべきだという当時の一流科学者たちからの意見を採用しました。一キロメートルは十ヘクトメートル，一ヘクトメートルは十デカメートル，一デカメートルは十メートル。そして，一メートルは十デシメートル，一デシメートルは十センチメートル，一センチメートルは十ミリメートルに分けられます。単位のグループ化や細分化の方法は，数体系のグループサイズと合致しています。重要なのは，十という数そのものではなく，一貫していることです。たとえば，数表現と単位の両方のグループサイズに八を選んでも，とても便利になるでしょう。十の場合と同じくらいに。

そうは言っても，メートル法の単位すべてが等しく人気があり，実用的なわけではありません。メートルとキロメートルはとてもよく使われますが，ヘクトメートルはまず使われません。多くの人は半メートルを，五デシメートルでなく，五十センチメートルと考えたがります。これには好みや癖の影響もあるでしょう。けれども，あなたの好みが何だろうと，単位と数体系が首尾一貫して一致していると，いつでも都合がいいのです。

十進法でない古い単位が維持されている興味深い例は，時間です。どういうわけか，私たちは一日を二十四区分（つまり時間）に分け，一時間は六十分，さらに一分は六十秒に分けます。明らかに，これは六十が標準的グループサイズであったバビロニア人からきたものです。おそらく，この時間を計る方法はしっかりと染みつきすぎているだけのことです。エルやファゾムをメートルに変えるのも大変ですが，正午が十二時でないとなったら――正気の沙汰とは思われないようです。革命政府は十進法を取り入れたフランス革命暦を制定し，一日は十時間，正午は五時になりました。この大きな変革は人びとになじまず，結局普及せずに，その後皇帝になったナポレオンが廃止しました。

とはいえ，実のところ十二や二十四や六十，またほかのどのようなグループサイズにも，特別なものは何もありません。一日を十に分けて十時間にして，その一時間は百分，一分は百秒という革命暦のやり方も，簡単で合理的です。十二が選ばれた理由には諸説ありますが，いずれも文化的かつ歴史的なことです。たとえば，たまたま古代エジプトの夜空に星の集まりが，ほぼ等しい間隔で十二個見えたことにもとづいているという説。古代の人々は，頭の上にどの星座が見えるかで時間を知ることができました。指が十本なのに星座は十二個で，一貫していないのは少々嫌なものです。とにかく，一日二十四時間で一時間が六十分というのは，かなり頑強に根づいているようです（ときどき私は二つの体系をごっちゃにして，4.59ドルが五ドルより一セント少ないだけだと，たまにうっかりまちがえます）。

重要なのは，地球が地軸を中心に自転していて，それには決まった時間がかかるということです。その時間をどのように分けるかは，あなたが選ぶことです。あなたが選べないのは，一年には何日あるのか，また，満月と満月の間には何日あるのかというようなことです。これらの数は太陽系に備わっているもので，文化的に決められたことではまったくありません。そして実のところ，この二つの数は若干すっきりしない（分数が関わってくる半端な）もので，たとえば一年は365¼日弱なのです（ぴったり360，つまり六個の六十ではないので，バビロニアの天文学者たちはさぞがっかりしたことでしょう）。

そういえば，バビロニア体系からのもう一つの遺物は，一回転を360度の円弧に分けることです（時間のように，さらに分や秒に分けることもよくあります）。このようにばかげて恣意的な方法は，はるか昔数学者たちが捨ててしまったというのに，いまだに大工，建築家，そして多くのエンジニアや科学者の間でさえも，お決まりの角度単位系として残っています。

またもや，重要なのは一貫性です。物をグループ化したり細分化したりするなら，固定されたグループサイズを選び，ずっとそれを貫くことが，歴史上起きてきた，いいかげんなまとめ方や小分けの仕方より，はるかに便利です。

これは，固定された数にもとづく単位体系の便利さを説明するより，そうでない場合，つまり旧世界の方法であった不格好で扱いにくい体系にさらされたほうが，より強くわかることでしょう。たとえば，19世紀のイギリスの貨幣制度ほどやっかいで不必要に複雑な例はなかなかありません。

その歴史を考えると，イギリスの伝統的単位体系がひどいのも当然かもしれません。エーカーからオンス，リーグからホッグスヘッドまで，ほぼどの単位も，数々の侵略や征服が必然的に起こした文化や言語への副作用が残ってきたものです。貨幣制度は，単にこのような膨大な犠牲の一つにすぎません。

二千年前，ローマ人は銀一ポンドすなわちリブラにもとづく貨幣制度をイギリス諸島に伝えました。そのため，イギリスのスターリング・ポンド（今もお洒落な記号£）は，その貴金属の一ポンド（つまり十六オンス）あたりの価値を表します。（ポンドの略であるlb.もリブラlibraからきています）。そして，これは二十シリングです（シリングはs.で表され，これは古代ローマコインであったsolidusの頭文字）。そして一シリングは十二ペンスです（ペンスの略d.はラテン語のdenariusから）。ですから，十二ペンス（英語では複数形ペニーが一般的です）が一シリングで，いっぽう二十シリングは ·ポンドです。

ジェーン・オースティンの時代の人々が使った，多くの不合理な通貨単位（たとえば，五シリングが一クラウン，二十一シリングが一ギニー）をもち出すまでもなく，ポンドやシリングやペンスだけでも，すでに論理や計算をするうえでの悪夢のようなものです。

あなたは一八二〇年のロンドンで店主をしていると想像してください。スミシントン・ジョーンズ侯爵夫人への請求書が次のようになりました。

螺鈿《らでん》細工のかぎたばこ入れ，1£ 8s. 6d.

スプーン6本セット，13s. 8d.

食卓用塩入れ2個，各2s. 7d.

銀製ろうそく立て2点セット，1£14s.4d.

合計金額はいくらで，夫人が五ポンド紙幣を出したら，おつりはいくらになるでしょうか？

これこそまさに，イギリスの小学生たちが授業で練習した類いの計算問題です（この例題に取り組むと，あなたは小説『クリスマスキャロル』のボブ・クラチットたち事務員らの苦労に同情することでしょう。彼らは，非道な雇い主エベニーザ・スクルージと，いろいろなグループサイズが混在する表現体系の両方に耐えながら，薄明るいろうそくの灯りで羽ペンを使って数字の列を書いていたのです。大英帝国が七つの海を制し，太陽の沈まぬ国と呼ばれていた時代だったというのに）。

まず，ポンド，シリング，ペンスを，それぞれ対応する表示のある列に整理して（そして塩入れの価格を頭の中で倍にして），次のようなレシートをつくります。

£	*s.*	*d.*
1	8	6
	13	8
	5	2
1	14	4

次に，いつものやり方で合計を求めます。まずペンスからはじめましょう（もちろんイギリスの生徒たちはみんな，十二ペンスが一シリングになることを知っています）。頭の中で足していくと（あるいは，必要なら手足の指を使って），合計が二十ペンス，つまり一シリングと八ペンスになるとわかります。

そして八ペンスをペンスの列に落として，シリングを集計します（すでによく学んだとおり，二十シリングは一ポンド）。ペンスの列から繰り上がった一シリングもいっしょにすると，四十一になります。（最終的には十二や二十でグループ化するのに，すべて十にもとづく計算をしなくてはなりません。なんてごちゃごちゃ！）これはもちろん，二ポンド一シリングと同じなので，合計請求額は四ポンド一シリング八ペンスです。

£	*s.*	*d.*
1	8	6
	13	8
	5	2
1	14	4
4	1	8

四ポンドをわずかに超えたので，五ポンド紙幣を払ったスミシントン・ジョーンズ侯爵夫人には，確実に一ポンドよりわずかに少ないおつりを渡すことになります。もし合計額に八ペン

スが含まれていなかったら，おつりは十九シリングでした。いまは，そこから八ペンス減らす必要がありますので，おつりは十八シリング四ペンス。「お買い上げありがとうございました，侯爵夫人」(帽子をわずかに傾けながら)。

イギリスはこのばかげた貨幣制度を1971年にやっと廃止し，十進法にもとづく制度を導入しました。旧制度では240ペンスで1ポンドでしたが，現在は100ペンスで1ポンドです。正直なところ，£1 8*s*. 6*d*.が消滅し，味気ないものの確実により便利な£1.425に取って代わられたことに，ロマンを失ったある種の寂しさを感じてしまいます(たぶん私は，身長六フィート一インチ，体重十五ストーンのでっぷり太った酒場の主人に一パイントのラガービールを注文して，やけ酒を飲めばよいのでしょう)。

一貫性の話ついでに，インド・アラビア体系でよく用いられる(そしてなぜか，かなりの人々を困惑させうろたえさせるらしい)非常に役立つ便利な拡張部分にも触れておきましょう。グループサイズを選んだら一貫して使うこと，すなわち，どのレベルでも同じ方法で一まとめにすることが道理にかなっているのと同じく，小分けにする場合も同じ方法を通すべきです。

それで私たちは，十リットルをデカリットルのグループにまとめるだけでなく，一リットルを十デシリットルに分け，一デシリットルを十センチリットルに分けるということも選んだのです。同じように，アメリカドルは十セント硬貨十枚にくずすことができ，十セント硬貨は一セント硬貨十枚にくずせます。

グループ化と細分化の方法が一貫していると，記数法が簡単に拡張できます。たとえば，百四十二ドル七十九セントの売り上げを記録するのに，インド式の枠を用いる方法を使うと，次のようになります。

1	4	2	7	9

「一」(ドル)は，二重線を使ってセントから区別されています。規定した単位を徹底させるため，このような目印が必要なのです。さて，これを私たちはドルで数えますか？　それともセントで数えますか？

もちろん，ゼロ記号の導入が枠をすっかり取り去ってくれたように,一の列をもっと単純な方法で区別することもできます。これこそ，いわゆる小数点の意味なのです。小数点を使うと，142.79と書くことができ，一目見ただけで，丸々二ドルあり，7は十セント(つまり一ドルの十分の一)七個を表していると わかります。同様に，9は一セント(一ドルの百分の一)の個数です。

この結果，(大きい数は単に左側により多くの列を必要とするのみで)大きさに限定されないだけでなく，精度と細かさにも限定されずに数量を簡単に記録したり操作したりできるようになりました。それぞれ新たな内訳や小分けにした部分は，単純に新しい列（つまり「小数位」）を右側に加えます。たとえば，科学者は高度に正確な測定結果を適切に記すために，十二桁の小数位が必要かもしれません。インド・アラビア体系は，巧みに選ばれ一貫性のある度量衡法（たとえばメートル法）といっしょに，効率よく便利な方法でこれを行わせてくれます。

あなたは環境化学者で，ある都市の大気測定をしているとしましょう。採取した20グラムのサンプルに，次のような気体が含まれていることがわかりました（g記号はグラムの略）。

窒素	：	15.622g
酸素	：	4.2g
アルゴン	：	0.17g

残りの不純物の合計質量はどれだけあるでしょうか？

小数点が何を意味しているのか覚えていることが重要です。さまざまな小数位の意味を示しているのですから。そして，ここではgで測定しているので，小数点のすぐ左の列はgそのもの（一）を数えていることになり，窒素の測定結果の最後の2はmg，つまりgの千分の一を数えています。

大事なのは，このような数量をいつもの方法で足し合わせるために，今度は小数表現を適切にそろえる必要があることです。すべての一は一の列にそろえて並べます。もちろん，これはただ小数点をそろえないといけないという意味でそうすればほかはすべて自動的にぴったり並んでくれます。つまり，次のように足します。

15.622
4.2
0.17

小数点の左側にも右側にも，いくつも空間があることに注目してください。その空間をゼロで埋めてもよいですし，やりやすければ，目盛りになる線を描いてもよいでしょう。

1	5	6	2	2
	4	2		
		1	7	

もちろん，こんなことは見た目と体裁の小さな問題ですが，心理的に驚くほど強力な助けになります。本当に大事なのは，記号や表記の意味を理解することだけです。自分たち自身の言語なのですから，気楽に自由に，いろいろ試して発明してみましょう。

とにかく，それぞれの気体の合計質量が19.992gになると計算するのは，もう単純なことです。つまり残りの不純物は0.008gとなり，8mgともいえます。

当然ながら科学界には，物理的測定を行い記録する方法や，許容誤差や識別精度などの問題を示す方法について，ありとあらゆる決まり事やしきたりがありますが，私はそれについてここでは触れません。私が言いたいのは，単位を賢く（つまり一貫させて）選ぶと，統一されて便利になり，シリングやペンスの不快さを避けられるということだけです。

これこそがメートル法の究極的な意義（そして唯一真の価値）です。より単純になる，ということだけ。すべての単位のグループ化も細分化も十で行い（残念ながら時間は例外），通常使っている数体系と合致していれば物事が簡単になり，何があろうと，過剰な専門性や紛らわしさをなくせます。

「十」であることはまったく重要でありません。別の歴史を想像するのはとても簡単で，たとえば，どういうわけか木部族がエジプト人を負かして巨大帝国を支配することになり，ついには世界中で七進位取り法が使われることになったとします。その場合は，いつしか科学者たちも，七でグループ化や細分化された単位を理性的に採用したでしょう。

驚くことに，これは私たち自身の十進法にもとづくメートル法と見た目も使い勝手も，あまり違いません。木部族もやがて私たちのように，固定され限定された値を表現する記号を枠内に書き込む位取りアバカスを考えつくだろうと想像できますが，違いは，枠の中に表現されるグループ化のサイズが十でなく七になることと，枠内に書き込む記号は七種類（彼らが思いつけばゼロも含んで)のみでよいことだけでしょう。

新しい記号を記憶する苦労をしないで済むように(または，元々の木部族の象形文字を使わないで済むように)，アラブ商人は，私たちが使っているのと同じ数字，つまり0，1，2，3，4，5，6を使って，その体系をヨーロッパに伝えたということにしましょう。私たちにとって，これらの記号を即座に認識して意味を理解できることは利点ですが，示された値がよくわかるせいで，グループサイズの大きな変化に気づきにくくなってしまうのが難点です。少々気をつけて，この体系がどう働くのか見ていきましょう。

まず最初に，七という数自体(つまりはグループ一つ)は10と書かれる，つまり私たちが普段十としているとおりに書かれることを覚えておきましょう。34というコードの意味は，グループ三個と残り物四個。あなたはこんなことをつぶやくかもしれません。「ああ，わかった。七のグループ三個と残り物四個だから，二十五だ」。これは，正しくもありまちがいでもあります。確かに，私たちが普段二十五と呼んでいる数量と同じですが，ここではそのとおりというわけではありません。ただ，あなたが慣れている方法でそう表されるだけです。木部族とその子孫にとっては，これは十のグループ二個と残り物五個ではなく，七のグループ三個と残り物四個なのです。彼らにとって，数量とは何か，またそれをどう感じるかは，数のことを話す言葉を含めてすべて七のグループを中心に進化しました。私たちは，十四が，十と二十というしっかりした数の間に位置する，残り物が多い半端な数だと感じます。でも，木部族にとっては違います。この数は単にグループ二個で，20と書かれ，二つのグループ丸ごとという意味で，二木という名で呼ばれます。七で数えることに苦労することはなく，――木，二木，三木――ちょうど私たちが十，二十，三十と数えるように数えます。

さらに，前に触れたように単位を細分化する体系にも拡張でき，小数点を用いて列の意味をはっきりさせ，「七進法の小数」が使えます。つまり，七進法の数字列　12.3が表しているのは，私たちが通常「九と七分の三」と表す数になります。おわかりでしょうか？

当然，あるグループサイズから別のグループサイズへ変換することは複雑で専門的で，さらなる説明が必要ですが，今のところみなさんにわかってほしいのは，十という数はまったく特別ではなく，インド・アラビア体系，さらにそれとともにあるメートル法などすべての便利さと利点は，ほかのグループサイズにも同じようにあるものだということです。

手部族とバナナ部族も，同じように
位取り体系を築き上げたとしましょう。
現在の数字を使うと，それぞれ三つの部族の体系では，
十六，二十七，五十二，八十八といった数量を
どのように書き表すでしょう？

10. 掛け算

一目，数量を表現し操作するこれらの方法や選択はどれもほとんど同じように見えるかもしれません。繰り返し，積み重ね，下位グループ化，桁記号記数法，位取り記数法などの違いは，たいした問題ではなさそうに思えます。数えたり帳面をつけたりという日常的な目的ならたいがい，それが真実でしょう。ドミノゲームをするのなら，点数を記録するのにどれを使おうとほとんど大差なく，実のところ五本棒の門も，もっと難しい方法と同じかそれ以上に役立つことでしょう。今までの大騒ぎはいったい何なのだろうと思われるかもしれません。

実のところ，数えること，数量情報の記録，比較，収入や支出の管理，足し算引き算などのような，算術のほとんどの目的において，今まで私たちが見てきた体系はどれもかなり同じようなものです。どの体系も実際に普及していた時期があり役立つことが証明されています（私がでっちあげた部族の体系は例外です）。

特に，インド・アラビア十進位取り記法ならではの秀でたことはありません。たとえば，ローマ記数法を流暢で堪能に使うこともできます。では，なぜ記数法を気にするのでしょう？位取り記数法の使い方を学ぶとどうなるのでしょう？　鉛筆と紙のアバカスは便利で持ち運びしやすいでしょうが，それはローマ体系でも簡単にできることです。たとえば，紙の上で二つのローマ数字を足すとします。MMDCCLXXVIIとMCCLXXXVIを足し合わせてMMMMLXIIIになるというようなことは，たいして技術はいりません。単に，各記号が現れた数を数え，想像上の溝そろばんを操作しながら，両替を頭の中で行うだけです。絶対にインド・アラビア体系で必要な頭の体操ほど難しくありません。

表面的には，「固定され限定された値の記号を枠の中に入れる位取り記数法」の考えは，表現をやや短くできることを除くと，たいした得もないのに多くの労力と記憶を要する方法のように見えます。

しかしながら，算術ではかなりしょっちゅう発生するある状況下では，位取り表現がはっきり圧倒的に有利になります。それは，そっくり同じセットを作成するときです。

数量を数え管理していると，繰り返し同じ数を足す（あるいは引く）ことが，よく必要になります。たとえば，一ダースのマフィンが売れたとき，二十箱出荷するとき，レシピを三倍にしなければならないときなどなど。要は，ある数にそれと同じ数を何度も加えることになります。これは掛け算，英語ではmultiplication（ラテン語の「何度も折る」という意味のmultiplicatusが語源）と呼ばれています。「六掛ける七」（通常6×7と記されます）のように言い，これは七を七自体に五回加えることを意味しています。つまり，七を六セットほしいのです。

ここで二つの数の立場に，微妙ながらも重要な違いがあることに注目しましょう。5×8と書いたとき，加える実際の数量は8で，たとえば，これがマフィンの単価です。5のほうは，私たちが何セットほしいのかを示している数です。つまり，5は8に「作用」しているわけで，その逆ではありません。*

ですから，掛け算には非対称性があり，5×8は8×5と同じ意味ではありません。しかしながら驚くことに，この二つの合計は同じになります。たとえば，それぞれに八個の卵が入っているバスケット五個と，それぞれに五個の卵が入っているバスケット八個は，まったく異なる状況でありながら，それでもなお卵の合計個数が等しいのです。これを目で見る方法で私が好きなのは，小石を行(横列)に並べることです。

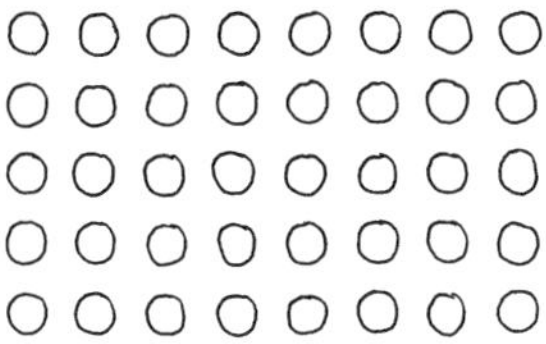

これは，八が五セットあることを単純に目に見えるように表現しています。八個の小石が並ぶ行が五行あります。ですから，5×8は五行の八。いっぽう(ここで知恵を使います)，この小石の配置図は列(縦列)で成り立っているという見方もでき，

*訳注：アメリカではこの順序が一般的ですが，日本ではこの反対の順序が一般的です。

つまり，それぞれ五個の小石が並ぶ列が八列あるのです。別の言い方をすると，頭を傾けて横向きに見ると，八の五行は五の八列になります。両方とも同じ長方形に並べられた小石を数えているのですから，5×8は8×5と等しいのです。それで，結局掛け算は対称的だということになります。予想外できれいなだけでなく，これは，とても役に立ち重要になるのです。

たとえば，もし二を十七セット足し合わせる（つまり，17×2）ように言われたとすると，深いため息をついて何度も二を足し続けるより，この対称性を活用して，これは2×17（すなわち十七の二倍）だと想定したほうが，ずっと単純な計算になります。小石を長方形に並べたこの掛け算の図は，面積の計算にも明らかに適しています。たとえば，長方形の土地，漆喰《しっくい》やペンキを塗る必要のある壁。通常，このような面積は格子で分けられ，その格子の正方形を掛け算で数えられます。

縦六フィート横八フィートのバスルームの床にタイルを敷き詰めているとします。リノリウムタイルは一辺一フィートの正方形で，一箱五十枚入りです。一箱で足りるでしょうか？

床を一辺一フィートの正方形の格子で分けたとしましょう。

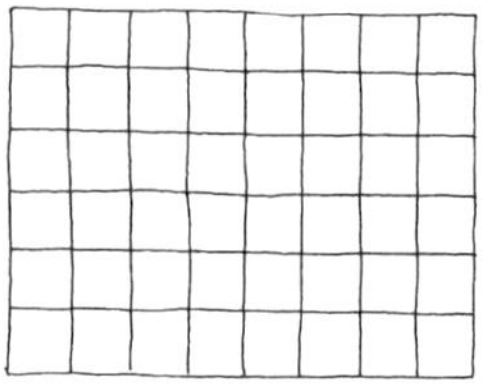

もちろん，私たちは単純に正方形を一つひとつ数えることができます。実のところ，そう悪い考えではありません。あまり多くはないので，あっという間に数え終わるでしょう。それでも，これを掛け算で考えることには大変価値があります。この方法を使って考えるという知的な楽しみのためだけではなく，数が大きくなると（たとえば173×62），正方形を一つひとつ数えるのが，大変めんどうで時間のかかる作業になるからです。

さて，問題の6×8が50より小さいのか大きいのかということに戻ります。これはまたもや，算術の根本的な問題，つまり比較です。さて，ここには，八つずつのグループ六個にうまく整理された数（6×8）があり，これを五十という別の数と比べたいのです。五十は文字通り，十のグループ五つです。これは，あたかも手部族がバナナ部族と商売をするときのようです。二つの異なるグループサイズがあり，それを通訳して比較できるようにしたいのです。

一つの進め方は，グループサイズは十を貫くことにして，八の六グループを十のグループに書きなおし，それを十の五グループと比べる方法です。掛け算をするというのは，たいがいこういうことです。つまり，一つのグループサイズで便利に表された数量を，十のグループと残り物に変換するということです。小石を動かして十の行をつくり，目に見えるようにやってみましょう。

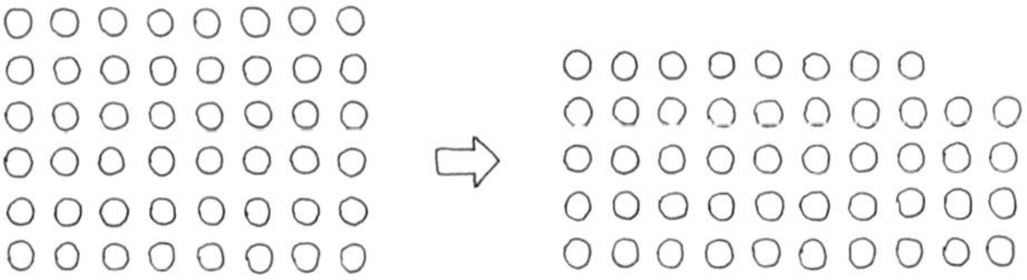

一番上の行の石を全部取って，それを二つずつ下の四行に加えて十個ぴったりの行をつくると，完全な四行と残り物八つになります。つまり，八の六グループは，十の四グループと残り物八つと同じだとわかります。いいかえると，6×8＝48。

このようにすると，48という数は6と8から掛け算で「produced（生み出された）」のだと考えられます。48は6と8のproduct（積）と呼ばれます。

別の方法としては，ただ八を六つ足し合わせ，必要なら両替できます。おもしろいやり方は，まず8を倍にして16を得て，そこにもう一つ8を加えて24にします。これで八が三つあることになるので，それを倍にするだけで六つになり，48になります。こういう意味で算術は数量を並べなおす技術だと私は思います。ですから，何かを数える問題は，その特徴に気づいて利用すると，ずっと楽になり，取り組むのもちょっと楽しくなるのです。

いずれにせよ，これで，私たちが取り組んでいる数が十のグループで表されたので，比較しやすくなりました。そして，五十枚入り一箱でこの作業には足りることもわかりました（現実では，もちろん，絶対こんなに楽ではありません。浴槽やトイレのまわりに敷き詰めるために何枚か切らなくてはならないし，うっかり何枚か割ってしまうこともあるでしょう）。

おそらく，一番多く行われる掛け算は二倍にすること——その数自体と同じ数を足すことでしょう。もちろんこれは，ただ二つの数を足し算する場合の一つにすぎません。けれども，あまりにもしょっちゅう起きることなので，算術を何度も行う人たちは，二倍にするときの数のふるまいを熟知し，とりわけ小さい数の二倍にはすっかり慣れてしまいます。そして，「六の倍は十二」，「四が二つで八」などは覚えてしまうのです。どの表現体系を使うかなど関係なく，これは本当のことで，バナナ部族も経験から，ナナの二倍はバ，ナナナが二つでバナナなどを覚えることでしょう。

桁記号記数法で倍にするのはほぼ文字通りで，各記号，計算珠，そろばんの珠などを単に繰り返して数えます。そして，必要なら両替します。

次の数の倍を計算してください。
それぞれの言語でまとめ，書いてみましょう。
ババナナ　𓍢𓎆𓎆𓏺𓏺𓏺𓏺𓏺𓏺𓏺　MCCCLXXVI　**538**

エジプト人はとりわけ倍にすることが好きで，とても賢い方法で大きい数の掛け算をしました。たとえば，三倍にする場合，二倍にしてから，元の数を足すのです。四倍なら，二倍にしてから，それをまた二倍にします。六倍のときは，まず二倍にして，それをまた倍にした数と足し合わせました。

五倍にするために，二倍を使うよい方法はなんでしょう？
十二倍にするためなら，どうでしょうか？

とりわけ三や五のような小さい数の掛け算は，小石を重ねたり，計数コインやローマの溝そろばんなどの単純なアバカスを使えば簡単です。ただ，その数を必要なだけ何度も並べて，それを両替すれば完成です。そろばんはそこまで便利でなく，インド・アラビア式の鉛筆と紙のアバカスも同様です。特に，この二つは,かなりの記憶と頭の体操を必要とします。たとえば,427のような数を倍にする場合，私はたいてい次のように考えます。「百が四つ，十が二つ，残り物が七つ。それぞれ倍にすると，百が八つ，十が四つ，それから十四。だから，八百四十と十四，すなわち八百五十四，854」。同じように，頭の中で三倍にするときも，十二が百と六十と二十一，つまり1281。

もちろん，このように純粋に記号的なアバカスでは，小さい数の掛け算を知っている必要があります。たとえば，七が三つで二十一になると私が覚えていたようなことです。けれども，実際のところ，十のような大きなグループサイズの場合，これはちょっとやっかいです。私は，このようなものをわざわざ覚えるのはおすすめしません。それよりも，単に数を何度もいじくりまわして，あなた自身の賢い工夫と観察をすることに慣れるほうがよいでしょう。ときには思い出せないことにいらだち，次第にこれらの事実に慣れ親しむようになり，楽しんだ問題や自分の聡明さが発揮された瞬間を心地よく思い出すようにまでなっていくほうが，ずっとよいのです。

小さな数の掛け算は，よく並べて表にされます（悪名高き「九九表」です）。掛け算をたくさん行うつもりなら，これは手元に置いておくと便利です。また，たくさんのおもしろいパターンを見つけられる簡単な方法でもあります。このようなたくさんのデータを覚えようとすると，つまらなくていらいらしてしまい，算術をやりたくなくなるかもしれません。ですから，もし参照したいのなら，このような表をつくればよいのです。でも，あまりそれを考えすぎない，つまり重要だと思いすぎないようにしてください。結局のところ，私たちはいわゆる情報時代に住んでいるのです。トルクメニスタンの首都を思い出せなければ，いつでも調べられます。同じことが7×8（私がよく忘れるのがこれ）にもいえるのです。

そうそう，答えは56。この話題では，いくつか強調しておきたいことがあります。まず最初に，7×8は質問でなく，56も答えではないことを理解しておきましょう。七掛ける八は「数」であり，じつに多くの方法で表現されます。ここでは，八のグループ七つなので，八進法を使う人は喜んで，そのまま何もしなくてよいと思うでしょう。私たちが「七掛ける八は？」と聞くとき，本当に尋ねていることは「八のグループ七つをどのように十のグループになおしたら，同じようにグループ化されたほかの数と比べやすいかな？」ということなのです。あなたや数学者がどのようなグループサイズを使おうと，数そのものは気にしません。数は数であり，数ならではのことをします。あなたが比較したいと思っていることが重要なことで，文化的に決められた表現体系の選択はあくまで二次的なことなのです。

もう一つ言えば，たとえば「七掛ける十は七十」というような説明は内容のないおかしな二重表現です。「七十」とは単に七つの十を表す言葉だからです。

言語は文化的に合意されたグループサイズを必ず反映していて，こうした数の名前は，大きさや数量について基準となるものでみんななじんでいます。ですから，「七掛ける十は？」という質問の答えが七十であるというのは，とりわけばかげています。ある言葉を辞書で引いたら，まったく同じその言葉自体で説明されているようなものです。七掛ける十は，十のグループ七つです。十進法の文化では，これでもうじゅうぶんでしょう。この数はすでに比較に便利な方法で表現されているのです。けれども，バナナ部族なら満足できず，四つの房に整理しなおしたくなるはずです。

木部族なら七十についてどう感じるでしょうか？

掛け算がよく使われる場面の一つは，同じ価格の品物をいくつか売買するときです。たとえば，ここに十九世紀の銀細工師による典型的なレシートがあります。

レシート

数量	商品		£	s.	d.
6	銀製スプーン　単価 4*s*. 5*d*.		1	6	6
3	かぎたばこ入れ　単価 1£		3		
2	ろうそく　単価 10*s*. 6*d*.		1	1	
		合計	5	7	6

ここで銀細工師は賢く頭の中でいくつもの掛け算を行いました。人はいずれこのようなことに慣れるのでしょう。

銀細工師の出した合計額は正しいですか？

次に，もっと昔のエジプト体系を使ってみましょう。貯蔵庫に小麦百カゴぶんの在庫があります。あなたは粉屋で，ちょうど小麦の注文が入りました。近くのパン屋から大型バスケット七つぶんの注文，寺院から小型バスケット八つぶんの注文，そしてファラオの役人にも大型バスケット五つぶんを渡さなければなりません。小型バスケットには三カゴぶん，大型バスケットには六カゴぶんが入ります。在庫は足りるでしょうか？

この場合の算術問題は，六の七セットと，三の八セットと，六の五セットの合計が，無事百以下になるかどうかです。

もちろん，ここからどうするかにはさまざまな方法がありますが，経験豊かな商人なら，おそらくそれぞれが（十のグループで）どれだけの量だかわかり，頭の中で合計を計算できるでしょう。けれどもここでは，あなたはまだ見習いで，暗算があまりうまくできないとしましょう。それで，あなたは固定された値が記されている計数コインを大きな袋から取り出して，テーブルの上にそれぞれの数量を並べることにします。十ずつのグループにまとめ，必要な両替を行えば，必ず答えが出るでしょうが，かなり退屈で決まりきった機械的な方法です。かわりに，もっと工夫してみましょう。エジプト人なので，まずはちょっと二倍にしてみましょう。

六を一セット：|||

六を二セット：|||||| あるいは ∩||

六を四セット：∩||∩|| あるいは ∩∩||||

これらの数量を合計すると，六の七セット（一足す二足す四は七ですから）です。つまり，合計は次のようになります。

||||||∩||∩∩|||| あるいは ∩∩∩∩||

同じように，六の五セットは，四セットにもう一セット足したものです。

∩∩|||||||||| あるいは ∩∩∩

さて，三の八セットは，ちょっと考えると六の四セットであるとわかります（三の二セットは六）。それは，すでに∩∩ ||||とわかっていますので，全部の合計は次のようになります。

∩∩∩∩||∩∩∩∩∩|||| あるいは ∩∩∩∩∩∩∩∩∩||||||

これは，𓍢よりわずかに数カゴぶん少ないです。つまり，貯蔵庫にはじゅうぶん在庫があり，私たちは困らないで済みました。

ローマ式溝そろばんを使って
同じ計算を行うと，どうなりますか？

インド・アラビア体系のような位取り記数法の場合でもほとんど同じで，違いは計数コインや計算珠などをいじらないことぐらいです。手で物体を動かすかわりに，頭の中で記号を操作しなくてはなりません。

足し算や引き算と同じように，これはちょっと手ごたえのある方法です。本当にこのような体系を使ってすらすらできるようになりたければ，記号がどのように変化するのか（たとえば，6＋7＝13，4×3＝12）を理解して，パターンを覚えなくてはなりません。

ここでもまた，みなさんにおすすめするのは，計算のたびに指や石やタリーマークなどを使って，最初から自分でやってみることです。確かにめんどうでしょう。けれども，めんどうだからこそ，頭に残るのです。どれだけ時間がかかろうとかまいません（いつまでも終わらなくてもかまいません）。数えたりいじくりまわしたりをじゅうぶんやると，いつのまにかパターンが頭に入ってしまうでしょう。

さて，近所のフリーマーケットへ行き，一枚七ドルのシャツ三枚を見つけたとします。あなたは二十ドルしか持っていません。三枚全部買えるでしょうか？

これは，3×7が無事20以下になるかどうかという問題です。小石七個ずつ三行並べ，一番上の行からいくつか小石を動かすと，十個ずつの二行をつくれます。

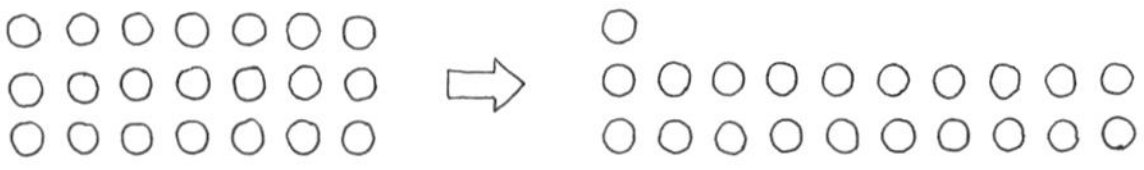

つまり，3×7は実際21だということです。となると，シャツを一枚あきらめるか，一ドル借りるか，少々値切ることにな

ります(フリーマーケットですから，おそらく値下げしてくれるでしょう)。

一から九までの各数の二倍と三倍を，小石の行を並び替えて計算しましょう。

今のところそれぞれの記数法での掛け算のやり方は，あまり大きく違いません。繰り返し(タリーマークなど)，桁記号記数法(エジプト式など)，位取り記数法(ローマ式溝そろばんやインド・アラビア体系)のどれを使おうと，経験豊かな算術の使い手であるあなたは，小さな数の掛け算を単に暗記してしまい，ほとんどの両替なども頭の中でできるでしょう。エジプト人やローマ人や日本人やインド人のそこそこ才のある記録係なら，百六十三の七倍やら何やらでも，次のように簡単に計算してしまうことでしょう。

「さてと，七つ百があって，それから六十が七セット――つまり六個の十が七セット。七個の六は四十二だから，それは四十二個の十，すなわち四個の百と二個の十。だから，十一個の百と二個の残り物の十があって，そうそう，それから三が七個あって，それは二十一。それなら，十一個の百と四十一だ」。それから，自分が使用している記数法でこれを書きとめます。とても手の込んだ(あるいは繊細な)計算のときだけ，そろばんか溝そろばんを取り出すことでしょう。

いろいろな意味で，計算はこのように頭の中でやりはじめたとたんに，おもしろくなりはじめます。もちろん，いろいろしくじったり，迷って混乱したりすることでしょう。引っかかりやすいこともあって油断ならず，簡単な挑戦ではありません。まるで目隠しをしてチェスをやるようなものかもしれません。単純な規則やパターンが山ほどあり，それを整理して使い分けなくてはなりません。けれども，それはたいした努力をしなくても，楽しくできるでしょう。また，数に少々親しむと，そのふるまいに導かれて，さらに大きな疑問や一般的な数のパターンへの興味がわいてくるでしょう。算術は，数学に夢中になるきっかけになりうるのです。ですから，いろいろ試して，ありとあらゆるひどいばかげた失敗をしましょう。私はそうしています！

五の倍数は，インド・アラビア体系では特に
単純なパターンになります。
どのようなパターンで，なぜそうなるのでしょう？
グループサイズにとても近いので，
九と十一の倍数もきれいなパターンをつくります。
どのようなパターンかわかりますか？

さきほどの計算について，かなり役立つ重要なことを指摘させてください。六十の七セットを求めるとき，経験豊富なわれらの記録係は，とてもおもしろい方法を考えました。六十は文字通り，六個十があるという意味です。つまり，十の六セットのそのまた七セットについてのことなのです。このように，ある量があって，それにある数を掛け，その全体の量もまた何セットかそろえる，ということは，非常によく起こります。

こうした「三つの数の掛け算」は，当然三次元の体積を計算するときに発生します。ちょうど二つの数の掛け算を小石の長方形で表したのと同じように，4×5×6のような掛け算は小石を箱型にしたものと考えることができます。

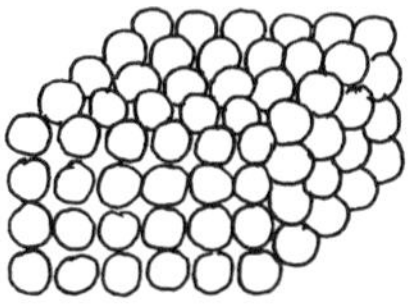

このような塊を数えるには，いくつもの考え方があります。平らに並べた板を積み重ねたと考えると，それぞれの平らな板は5×6の長方形です。それが四つあるので，4×(5×6)となります。いっぽう，この同じ箱を，六枚の縦に立っている面，つまり4×5の長方形からできていると見ることもできます。この方法では，6×(4×5)の合計を見ているわけです。さらに，もう一つの方法は，4×6の長方形が五枚重なって，このページから飛び出てくるのを想像することで，これは5×(4×6)です。要するに，掛け算の対称性というのは，二つの数の掛け算(たとえば，4×5＝5×4)だけでなく，もっと大き

い意味のある対称性――いくつもの数を掛け合わせるとき，その数の順番は関係ないということなのです。これにより，カッコを使うかどうか心配しないで済むだけでなく，自分で工夫を生み出し，より賢く効率的に順番を選ぶことができることになります。

記録係の例でこれは，7×(6×10)(つまり七個の六十)を，(7×6)×10(つまり「7×6」個の十のグループ)として考えるという意味でした。十のグループの個数「7×6」は，四個のグループと残り物二つです。つまり，合計は四個のグループのグループと残り物二つのグループということになります。「百」という言葉が意味するのは「グループのグループ」ということだけなので，合計は四百二十です。

もちろん，私は数学者ですから退屈で平凡な作業を避ける方法をつねに探しています。そのためにおもしろく抽象的に考えられるのなら，なおさら探すでしょう。それこそが，数学というものなのかもしれません。苦労しないで済む方法を見つけるために苦労する。もしあなたがものすごく怠け者で，かつものすごく賢いとしたら，数学はまさにあなたが人生をかけて取り組むべきものでしょう(富や名声や人気に興味がないならばですが)。

私たちは抽象的に「数」について，とりわけ掛け算に関する数のふるまいについて話しています。ここで，非常に重要な，でも火を見るよりも明らかな事実について触れておきましょう。二足す三は五であると言うとき，私たちが言いたいのは，何か二つを，それが何であろうと同じ何か三つといっしょにすると，合計五つのその何かになるということです。牛二頭を牛三頭に加えると牛五頭，刑期三年に二年を加えると刑務所に五年，などなど。

そしてまた，これは二ダースと三ダースで五ダースになることや，二セットの三十七と三セットの三十七で五セットの三十七になるということでもあります。逆の言い方をすると，ある数に二つの数の和を掛けると，その数を別々に二つの数と掛けてから足しても，結果は同じということです。

$$(2+3)\times 37=(2\times 37)+(3\times 37)$$

一見，これは些細で学者ぶった指摘のように思われるかもしれません。けれども，非常に強力な算術道具です。取り組んでいる掛け算を，状況をみながら自由に小分けにできるのです。この自由を賢く創造的に使うと，計算をもっと単純で簡単にできます。

そのような賢い工夫を見る前に，まずは小石と長方形で小分けにする考え方を理解しましょう。

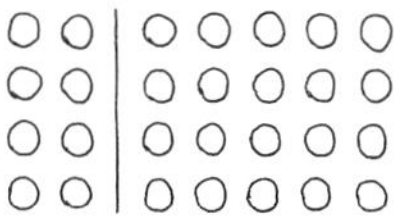

縦四つ横七つに小石が並び，二つのより小さい長方形に分け

られています。四個ずつ並んでいる七列が二つの部分に分けられ，左側部分は四個ずつの二列，右側部分は四個ずつの五列です。つまり，7×4が，2×4と5×4に分けられたのを見ているわけです。

あるいは，この小分けにしたものを見て，七個ずつの四行は，二個ずつの四行と五個ずつの四行を合わせたのと同じともいえます。これを記号化すると次のようになります。

$$4 \times 7 = (4 \times 2) + (4 \times 5)$$

ある数の和を複数セットにするとき，その和を成す数の掛け算を別々に行い，それを足すこともできるのです。まるでピザ二枚とルートビール三本を注文し，その後注文を倍にすることにした場合，ピザとルートビールを別々に両方とも倍にするようなものです。

もちろん，その数をいくつの部分に分けても，同じことがいえます。

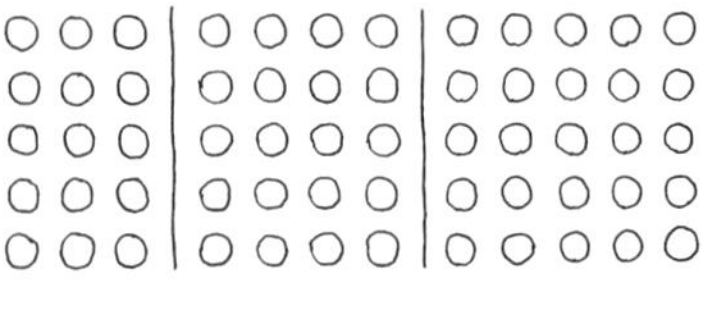

ここでは，5×12を，$5 \times (3 + 4 + 5)$とみなし，小さい長方形に分け，$(5 \times 3) + (5 \times 4) + (5 \times 5)$となっています。

さらに小分けにもでき，行と列の両方を分け，元の長方形をさまざまなサイズの小さい長方形を敷き詰めたものにもできます。

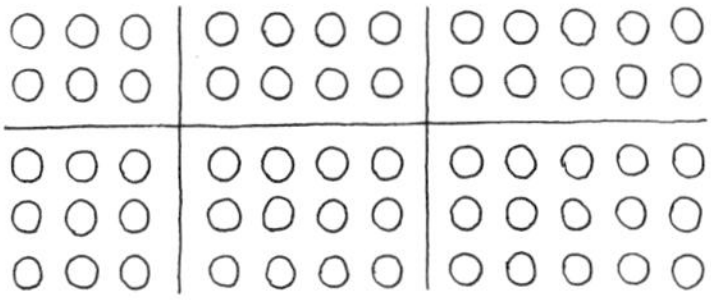

またもや5×12の長方形ですが，今回は(2＋3)と(3＋4＋5)の積であると考えていることだけが違います。敷き詰めたものを記号で表すと次のようになります。

$$(2+3)\times(3+4+5)=(2\times3)+(2\times4)+(2\times5)+(3\times3)+(3\times4)+(3\times5)$$

一つ目の和を成す二つの数それぞれが，二つ目の和を成す三つの数それぞれと個別に掛け合わされているわけです。これこそ，格子や長方形が意味したことで，きれいに切り分けられています。ここで私たちが発見した「二つの和の積は，個別の積の和と等しい」というパターンは，おそらく算術の中でも大変重要な特性の一つであるといえるでしょう。もちろん，どの積を足し合わせるのか知っていなければなりませんが，つまり，それぞれの和から一つずつ数を選ぶときに，選べるすべての組み合わせです。

三つの和を掛け合わせると，どうなるでしょう？

では，この切り分ける考え方はどのように掛け算をより簡単にしてくれるのでしょうか？　目的が慣れ親しみ理解を深めるだけのことだったとしても，数のふるまいについての知識はいつも役に立ちます。もしすでに5×17と3×17が何なのかわかっていれば，その二つを足し合わせるだけで，8×17が何だかわかります。ですから，かなり明らかなことでも知識は有用です。

この方法の真の力が発揮されるのは，統一されたグループサイズをもつ位取り記数法，つまりインド・アラビア体系のようなものと組み合わせて使うときです。その理由は，いつ何に掛けても簡単な数が少なくとも一つあることです。その数というのはグループサイズです。これは大変重要な発見なので，もうちょっと注意を払っても損はありません。

まず，エジプト人の桁記号記数法を使ってみましょう。一貫したグループサイズ（十）と，それぞれの集まりの段階に桁記号𓏺，𓎆，𓍢，𓆼があります。この言語で表現された数，たとえば𓍢𓍢𓎆𓎆𓏺𓏺𓏺にグループサイズを掛けるとどうなるでしょうか？　それぞれの記号の十セットになります。ただ，その全部を書いて，それから両替すればよいのでしょうが，それよりずっと単純な（そして，ずっと効率的な）方法があります。すべての𓏺を𓎆に置き換えればよいのです。もちろん，各𓎆は𓍢になり，各

𓍢は𓆼に置き換わります。なんと見事に変身したのでしょう。まるでエジプト錬金術！（錬金術を意味するalchemyという英単語は，エジプトを指した古代の地名Khemが語源だともいわれています）

十がグループサイズなので，一は十個で一つのグループをつくるということが，ここでは重要です。どの記号も十個で，もう一つ上の記号になるのです。これが，一貫したグループサイズに統一することの利点なのです。グループサイズを掛けることは，単純な記号操作ゲームになります。同じように，一セント硬貨や十セント硬貨がポケットに入っていて，そのお金に十を掛けると，各一セント硬貨は十セント硬貨になり，各十セント硬貨は一ドル札になります（シリングやペンスではこのように簡単な変換はできません）。

同じことがローマ式体系にもいえます。十を掛けると，その結果として各IはXに，VはLに，XはCに，というように置き換わります。溝そろばんのほうは，もっときれいで，十を掛けると，単純にそれぞれの計算珠が次のグループサイズの溝に上がります。I溝の計算珠全部をX溝へ，V溝の計算珠全部をL溝へなどのようにするだけです。なかなか便利です。

バナナ部族が彼らのグループサイズで
掛け算をしたらどうなるでしょうか？

もちろん，ほとんど苦労がなくなるのは，インド・アラビア体系を使うときです。この場合，各数字記号は，その値を決める位置の列の中にあるので，十を掛けると，単に各記号が一つ左の位置へ移動することになります。

たとえば，137という数に十を掛けると，それぞれの数字の位置を一つずらすだけです。

	1	3	7
1	3	7	

一がいくつあるかを示していた7の記号は，十がいくつあるかを示すようになりました。まるで残り物がグループに「昇格」したようなものです。なんと簡単なのでしょう。

ところで，多くの人たちは，ある数に十を掛けるというのは単に数字列の最後に0を加えることだと，137が1370になることだと誤解しています。ある意味その通り，少なくとも視覚的にはそうです。けれども，本当は最後にゼロを加えているのではなく，数列全体がずれたのであり，それぞれの記号が数えている集まりが元のものより十倍大きくなったのだと理解することが重要です。

私は，インド・アラビア体系を桁記号記数法よりも支持する意見をいろいろ挙げられます。軽く持ち運びができ，低費用などなど。けれども，真の利点は，この「位をずらせる」ことに違いありません。コインや記号を違うものに変える必要もなく，溝から溝へ石を動かす必要もありません。まるで，記号が一つの列から次の列へ身軽に飛び移るかのようです。これこそ，ローマ式体系が道を譲り，ほぼ世界中で現在インド・アラビア体系が使われている究極的な理由です。

実際，この位をずらすという考えのおかげで，20や500や3000というような数に対してまったく新しい見方ができます。私は，これらを一桁の数，2，5，3とみなすのが好きです。たとえば，500という数はただの5（百）とみなします。もちろん，五個のレモンが五百個のレモンと同じだなどと言っているのではありません。どちらの数量も何かが五つあることを数えていて，その何かというのは位――インド・アラビア記数法でのさまざまな位置にすぎないというわけです。

まず，500は5が二度左へずれたものだと考えることからはじめましょう。そして，20は2がずれたもの，3000は3が三度ずれたものです。一度ずれるごとに，十を掛けているので，ほかの言い方をすると，3000＝3×10×10×10ということです。こうした十による掛け算によって起きるのは，ずれることだけですので，ある意味真の内容は3であり，これは科学者や技術者が「有効数字」と呼びたがるものです。

これが役立つ視点である理由は，このような一桁の数二つを掛け合わせると，とても単純できれいなことが起きるからです。たとえば，30×200の例を見てみましょう。もちろん，二百を三十セット書いて，お好きな方法で全部足してみるのも自由です。結局のところ，掛け算とはそういうこと——足し算の繰り返しなのですから。けれども，誰がそんなことをやりたいでしょうか？　退屈でうんざりしてしまうだけでなく，前にお話ししたように，退屈だと，ずさんで間違えやすくなり，計算間違いにつながります。算術で肝心なのは，もっと頭を使って，計算をより速く簡単で楽しくすることです。

そういうわけで，30×200をよりよい方法で考えてみましょう。もちろん三十の二百セットだとみなすつもりもありません！　かわりに，次のように考えてみましょう。

$$(3\times 10)\times (2\times 10\times 10)$$

ここで，先ほど発見した掛け算の対称性を利用して，五つの数とその掛け算を次のように書きなおすことができます。

$$(3\times 2)\times (10\times 10\times 10)=6000$$

元の二つの数の頭にあった二つの数字（つまり，2と3）が掛け合わされ，いっぺんに大きくずれています。つまり，一度ずれた3に，二度ずれた2を掛けると，三度ずれた6になるのです。このような一桁の数の掛け算を使う方法はとても簡単です。ただその数字を掛けて，それからずれた回数を足すのです。理解できましたか？

次の三つの積を計算してみましょう。

20×40，30×500，800×5000

時間と労力が見事に節約できます！　もちろん，あなたはこんなふうに独り言をつぶやくかもしれません。「確かに，これは本当にすばらしい。でも，こんな単純な数の掛け算をできる運のよいときなんて，どれくらいあるだろう？　37×168みたいな悪夢に取り組むときは，どう役立つのだろう？」

私たちが望むのは，できれば，この二つの数の数字列だけを使って（小石やコインやビーズを使わずに），適度に速く効率的に（そして願わくば正確に）積の数字列を出す簡単な方法です。そして，実のところ，インド・アラビア体系ならば，それがかなり叶います。

ずらす移動と，前に触れた小分けにする工夫とを組み合わせて考えるのです。まず，比較的小さい数ではじめてみましょう。たとえば，12×27。これを縦十二で横二十七の長方形だと考えると，いくつもの方法で小さい長方形に分けられます。ここで（少なくとも十中心の視点で）最も単純かつ自然な分け方は，それぞれの数を桁ごとの部分に切り分けることです。

	20	7
10	10×20	10×7
2	2×20	2×7

小さい長方形おのおのは，元の数の桁ごとの数の積になり，一桁同士の掛け算の積をずらすことで簡単に計算できます。$10 \times 20 = 200$，$10 \times 7 = 70$，$2 \times 20 = 40$，$2 \times 7 = 14$（小さい数の掛け算を知っていると，こういうときにとても便利です）。そして，すべての部分を足し合わせると，次のようになります。

$$12 \times 27 = 200 + 70 + 40 + 14 = 324$$

確かに，最後に足し算をしなくてはならず，めんどうな繰り上がりや両替があるかもしれませんが，ただで何かを得ることはできません。少なくとも二十七を十二個足す作業をしないで済んだのです。

そしてもちろん，この方法は完璧に一般化できる強力なものなのです。どのような二つの数を掛け合わせるにも余計な考えを必要とせず，どれだけ数が大きくなっても使えます。変わるのは小分けにする長方形の数だけです。

さて，あなたはピクルス工場を経営していると想像しましょう。ピクルスが満杯に詰まった樽の重量は144ポンドです。56樽出荷したいのですが，配達トラックに積めるのは最大8000ポンドです。一度に全部出荷できるでしょうか？

この質問は，56×144が無事8000より少なくなるかどうかということです。もちろん，たくさんの小石を取り出したり，何度も足し算を繰り返したりもできますが，私たちの新しい方法で大事なのは，位取り記数法を活用して，このような計算を小石やビーズなしに純粋に記号的に，速く効率よく，無駄な労力を最低限にして行うことなのです。

この場合，私たちの（想像上の）長方形は次のように分けられます。

	100	40	4
50	5000	2000	200
6	600	240	24

小さい長方形を，それぞれに対応する想像上の小石の数で埋めました。50×40の長方形に入るのは2000で，これは5×4＝20を二回ずらしたからです。全部の樽の合計重量は次のようになります。

$$5000 + 2000 + 200 + 600 + 240 + 24 = 8064$$

つまり，六十四ポンド重量オーバーです。危険を冒すか，一樽か二樽トラックに載せないことにするか，あなたは決めなくてはなりませんが，少なくとも状況が把握できました。

381×44と598×28のどちらが大きいでしょうか？

当然ながら，いったんこうした純粋に記号的なアルゴリズムができ，特にそれがうまく機能し，そしてその理由を理解すると，私たちは自然と怠けぐせが出て耐えられなくなり，さらに楽にできる方法を見つけようとします。まずできる第一歩は，想像上の長方形を全部削除することです。これは確かに，何をやっているのか私たち自身が理解するのに役立つ道具で，どう整理して数えているのか，はっきり目で見えるようにするものです。けれども，実際に計算するためには，まったく必要ありません。小分けにすることと位がずれる原理をいったん理解しきったら，もう図の表現はいりません。

たとえば，173に254を掛けるのに，いくつもの可能な各桁の積（お好みでどのような順番でも）を計算し，可能なものをすべて計算したことを確かめて，すべてずらす移動を行います。

$100\times200=20000$	$100\times50=5000$	$100\times4=400$
$70\times200=14000$	$70\times50=3500$	$70\times4=280$
$3\times200=600$	$3\times50=150$	$3\times4=12$

それから，いつものように全部の合計を出します。このような作業を整理しやすい方法は，掛け合わせる二つの数を縦に書き並べ（もちろん，適切にそろえて），それぞれの積も縦に書き並べるものです。

173	
254	
12	4×3，移動なし
280	4×7，一つ移動
400	4×1，二つ移動
150	5×3，一つ移動
3500	5×7，二つ移動
5000	5×1，三つ移動
600	2×3，二つ移動
14000	2×7，三つ移動
20000	2×1，四つ移動
43942	

この方法では，いくつものパーツ全部が正しい列に並び，合計しやすくなっています。もちろん，これでは抽象的すぎ，小石の長方形を想像して描くほうがよいと思われるのなら，ぜひそうしてください。やがては，それぞれの部分がつくられて組み合わさるパターンがわかるようになり，長方形が必要なくなることでしょう。これはわれわれ人類がいつもやってきたことで，いったん何かをマスターすると，近道を見つけようとするのです。

実際，多くの人々はもっと簡素化された方法を選び（もしくは，誰かに選んでもらって），掛け算をしながら各部分の合計を計算していきます。ちょっとばかり余計に精神的労力と記憶が必要ですが，より速く，ずっと少ないスペースで計算できます。それが小学校で教えられる標準的なアルゴリズムになったようです。では，見ていきましょう。

まず最初に，かなり大きい数，たとえば1783に4のような一桁の数を掛けたいとしましょう。この方法では，計算は次のようになります。

$$
\begin{array}{cccc}
1 & 7 & 8 & 3 \\
 & & & 4 \\
\hline
 & & 1 & 2 \\
 & 3 & 2 & \\
2 & 8 & & \\
4 & & & \\
\hline
7 & 1 & 3 & 2
\end{array}
$$

たくさんのゼロをすっかり取り去り，ずらして列（縦列）をそろえていることに注目してください。書くことは少なくなりますが，より注意が必要です。

これを見ると，それぞれずれているので，各列には数字が二つまでしか並んでいません。二つの数字の積は最大9×9＝81で，二桁の数ですし，どの段もその前の段より少なくとも一つの位ぶんずれています。ですから，どの列も数字が三つには決してなりません。

これは，各数字をその次の一桁の数の積が出るまで頭の中で覚えておければ，積を計算しながら同時に合計することができることになります。これもまた，九九の表を覚えておくべきよい理由の一つです。記憶していれば，各数字を忘れないうちに掛け算の答えを出すことができます。

縫い針のたとえを使うと，この計算は次のようになります。

$$
\begin{array}{r}
1783 \\
4 \\
\hline
2
\end{array}
$$

右側の一の桁の数字からはじめると，4×3＝12。ここから後の部分はどれも左にずれていきますので，合計の一の桁は2になります。正しい位置に書いておくべきでしょう。ほんの短い間頭の中に保管した1(本当は十)は，想像上の針に刺さっています。

ここで，次の縫い目は，4×8ですが，8はずれ動いたものなので，本当は八個の十です。ですから，次の部分は移動した32(4×8＝32を覚えていたということにします)。前ページの計算に戻って，この最初の二つの部分，12と移動した32がどのように書かれていたのか見てください。この12の1と32の2は十の列で上下にそろって並んでいます。これは，1が12という数の中の十を数え，2が320，つまり32を移動させたものの中の十を数えているからです。ここでは，その二つをいっしょに足す必要があります。それで，32の一の桁を，12から繰り上げた，まだ針に刺さったままの1といっしょにします。

言葉で説明するとなんだかややこしいですね。読者の方にはなおさらわかりにくいかもしれません。ここまで理解できているとよいのですが……。実のところ，あなたがご自分ですべて見つけ出してくれたら，と思いそうになったぐらいです。けれども，せっかくここまで来たので，どのようにするのか（そして，説明しようとして私が何をしでかすか）を見ていきましょう。

ここまでできました。

$$\begin{array}{r} 1783 \\ 4 \\ \hline 32 \end{array}$$

ここで（「32＋1＝33個の十」から来た）3が書かれ，針にも一個3が刺さっています。次の縫い目（これは百について）は4×7＝28で，針に刺さっている3を足すと，31になりますので，1を書き，3は針に刺しておきます。

$$\begin{array}{r} 1783 \\ 4 \\ \hline 132 \end{array}$$

最後に千の桁を求めるために，４×１＝４と針に刺さっている３を足すと，７になります。

```
1783
   4
----
7132
```

率直に言うと，この針仕事は，やる価値があるかよくわかりません。実のところ，先ほどの方法のほうが好みです。ちょっと多く書くことになりますが，ずっと間違えにくく，精神的に楽です。けれども，より上級版があなたの好みであれば，こちらを選ぶこともできるのです。

このアルゴリズムを本格的に使うと，次のようになります。

```
  1783
   274
  ----
  7132
 12481
 3566
------
488542
```

各段は，ちょうど今私たちが縫ったような針仕事で掛け合わされた積で，位取りを反映するために，それぞれの段がその上の段よりも一つずつ左にずれています。たとえば，274の7は，本当のところ一回ずれた7ですので，7×1783＝12481もずれなくてはなりません。いずれにせよ，すべての部分を合計する必要はありますが，この方法だと足し合わせるものも少なくて済みます。

非常に大きい数同士の掛け算でこの二つの方法を比較すると，どうなるでしょうか？

ここではっきり指摘しておきたいことが，一つあります。ここまでの話の肝心なポイントです。この記号的掛け算アルゴリズムは，二つのことから生まれた自然な結果にほかなりません。一つは長方形を小分けにするアイディア。もう一つは，一貫したグループサイズの位取り記数法において，グループサイズと同じ数を掛けると，位をずらすのと同じになるという，すばらしい観察結果。この二つが組み合わさってできたのです。

特に，こうした方法は十という数とはまったく関係がありません。ほかのどのようなグループサイズでもまったく同じようにうまくできるはずです。数量をどう表現しようと，長方形は小さな長方形に切り分けられます。これは数学的特徴であり，文化で決まるものではありません。

これを説明するために，バナナ部族が独自に位取りを考案し，繰り返しにもとづく桁記号体系をインド式の列に変更したとしましょう。さらに，バナナ部族は，枠線を削除するためにゼロ記号も考え出したことにします。

もちろん残り物がいくつあるかを表すのに，つまり一，二，三には，固定され限定された値をもつ記号が必要です。それぞれの記号が何であるかはどうでもよいのですが，少なくとも，書きやすく認識しやすいものがよいです。バナナ部族が次の記号を選んだとしましょう。

O	I	Λ	Δ
ゼロ	一	二	三

（それぞれの数字記号に合った画数で，なかなかよいですよね）。さて，これで「四要素からなる」，つまり四を基数とする位取り記数法を得ました。私たちが二十七と呼んでいる数は，旧バナナ式では田□□＼＼＼と書きましたが，今からはもっと簡潔にIΛΔと書くことになります。

バナナ部族のグループサイズ（四）はI0と表現されることになり，ちょうど私たちが通常使っているグループサイズ（十）を10と書くのと同じように，（どの言語であっても）グループというのはいつも一つのグループで残り物なしであることを意味しています。また，桁をずらすのも同じです。四を掛けることは，＼を□に，□を田に変換するのと同じです。これは位取り方式だと，前と同じように，ただ位置が一つ左にずれることになります。

ですから，足し算，引き算，そして掛け算の方法で実質的な違いは，一桁の数字の和や積が異なる表現になるということだけです。たとえば，3×3＝9と覚えるかわりに，バナナ部族の人はΔ×Δ＝ΛIと覚えたいわけです。足し算と掛け算の表はずっと小さくなります。実際，これで完全にすべてが網羅されています。

+	I	Λ	Δ
I	Λ	Δ	IO
Λ	Δ	IO	II
Δ	IO	II	IΛ

×	I	Λ	Δ
I	I	Λ	Δ
Λ	Λ	IO	IΛ
Δ	Δ	IΛ	ΛI

たいして記憶しないで済みます。小さいグループサイズは精神的な苦労を大いに減らしてくれます。そのいっぽう，表現が少し長くなるのです。たとえば，先ほど出てきた数1783をこのバナナ数字列による記数法で表現すると，IΛΔΔIΔになります。数字列が長いほど，ずらす桁数も増え，アルゴリズムの実行にかかる手間も増えます。記憶を節約できるぶんのつけが計算にまわるわけです。もちろん，後で見ていくように，これらの一つひとつ段階を追う算術方法はすっかり機械化され，いわゆる紙と鉛筆の算術は今となっては時代遅れの技術でしょう。ですから，必要に応じて適度にうまくなればよいのです。重要

なのは，そのしくみを理解することです——少なくとも，あなたがウィットと知性に富んだ算術の使い手になりたいと思うのならば。

バナナ体系では，Λと
ΔとIIの倍数に，
特別きれいなパターンがあります。
どのようなパターンでしょうか？
インド・アラビア体系の5と9と11の
倍数と比べてどうでしょうか？

おもしろいことに，先ほどある程度インド・アラビア体系を使いながら，4×1783を計算しましたが，これはバナナ体系ではまったくつまらない計算になります。というのも，四がグループサイズだからです。IΛΔΔIΔという数に掛けるのですが，一つ位置をずらしてIΛΔΔIΔOとするだけです。これで，同じように表現されたほかの数量と簡単に比較できます（最後に何か比較しないなら，計算をする意味がありません）。

もっと複雑な例を試してみましょう。たとえば，IΛΛ×ΛΔ（これは十進法では26×11）。各桁の数字同士の積を整理して，前回と同じようにずらします。四進法の掛け算表を使うにしても覚えてしまうにしても，どちらであろうと次のようになります。

I Λ Λ
Λ Δ

I Λ
I Λ O
Δ O O
I O O
I O O O
Λ O O O

I O I Δ Λ

もちろん，必要なら針などを使ってさらに簡素化できます。ここで肝心なことは，位取りと掛け算は友達だということで，特定のグループサイズはその友情に無関係です。だからこそ，もっと前に使われていた桁記号記数法はすべて使われなくなってしまいました。

ついでに触れておくと，小さいグループサイズで極端なのは二進法で，そのグループサイズは二です。二つの記号しか必要なく，それは0と1です。覚えるのは，1＋1＝10だけで，めんどうな掛け算の表はありません。もちろん，それと引き換えに，極端に長い数字列を使わなくてはならなくなります。たとえば，百という数は1100100と記号化されます。そして，二倍にするときは桁をずらします。すべてうまくいき，掛け算は赤ん坊でもできそうなほど単純になりますが，非常に長々と書くことになります。

110×111を計算してください。その値は
インド・アラビア体系ではどう表記されますか？

ちなみに，この位がずれる考え方は，細分化がグループサイズに統一されている限り，細分化された単位の場合でも完璧にうまく働きます。たとえば，129セントに十を掛けると1290セント（左に一つ移動）ですが，ドルで数えたければ，簡単に1.29が12.9になるといえます。また，一セント硬貨は十セント硬貨に，十セント硬貨は一ドル札になるわけです。表現体系が統一されている（それぞれの位がその右の位のぴったり十倍の値）と，十による掛け算を単純に見た目で解釈でき，それがつまり位が左にずれることなのです。

たとえば，このおかげで，1.29のような数を，129が右に二つずれたものと考える新たな方法を使えます。つまり，このような形で表現された数にとって，十で割ることは掛け算と同じように単純で，単に左でなく右にずらすだけのことなのです。

十の掛け算や割り算は小数点を一つずらすことだと考える人もいます。たとえば，10×1.29＝12.9のような場合です。確かに目ではその通りに見えます。けれども，本当のところ小数点は固定されていて，数字のほうが動いているのです。ずれ動くことでその値が変わっているのです。些細なことですが，気に留めておく価値があると思います。

もちろん，このような表現を組み入れるために私たちのやり方を変えなくてもよいのです。重要なのは，列をそろえることの情報をそのまま損なわないようにすることです。今まで見てきたように，この形の数を足し合わせるためには，確実に小数点をそろえなくてはなりません。でなければ，リンゴとオレンジを足すことになるでしょう（つまり，一の個数と百の個数を足すことになります）。

ある意味，掛け算はこれに関してやや単純です。いくつもの位を個別に移動できるからです。たとえば，12×3.85を計算したいとすると，簡単にこれを12×385で，二度右側へずれたものだとみなし，ずらすことを後まわしにしたければ後まわしにできるのです。これもまた，グループサイズが一貫していることの利点です。この方法なら，たとえば2.3×4.72のような，とても抽象的に見える計算も，本質的には472の23セットであるとみなせて，唯一の違いは取り組んでいるものの単位だけになります。こうすると，計算を行っている間は異なる位取りの意味を心配する必要はなく，その後ずらす移動が私たちのために帳面づけをやってくれることになります。

もちろん，この方法にいくらかの常識を使うと，さらにうまくいくでしょう。自分で2.3×4.72を計算するのなら，だいたいどのくらいになるのか合理的に推定してからはじめるとよいのです。二に近い数に五に近い数を掛けるのですから，答えは十よりちょっと多いか少ないかのあたりになり，絶対に数百，数千のようなものにはならないはずです。

そうすると，小数点に関してはまったく無視して，単に23×472を計算することができ，次のようになります。

$$8000 + 1400 + 40 + 1200 + 210 + 6 = 10856$$

すでに，だいたい10ぐらいになるとわかっていますから，これはきっと10.856に違いありません。あるいは，元の二つの数を見ると，私が掛け算をした数と比べて，合わせて三回ぶんずれるとわかります。それを考えると，やはりまた10.856になります。けれども私は，推定する方法のほうがよいと思います。

ここまで十進法表示，位がずれる動き，推定について見てきましたが，（特に科学分野では）天文学的に大きい（あるいは，顕微鏡でみるように小さい）およその数というものを，通常何かの測定値などで，よく目にします。このような場合，スペースを節約するために位の移動という道具を活用するととても便利です。四十六億を4 600 000 000と書かずに，もっと簡潔に4.6[9]，つまり4.6を9回左へ移動させたという意味の書き方を使えばよいのです。12gの標本中にある炭素原子のおよその数は6.02[23]で，陽子の半径はメートル単位でおよそ8.5[-16]（十六回右へ移動）です。これは，巨大な情報を小型な形に符号化するスピーディーで便利な方法です。

二進法の110×101.1を計算してください。
これはインド・アラビア体系では何の数のことでしょうか？
また，バナナ部族ならどう書くでしょうか？

11. 割り算

ここで，表現や記号操作から少し離れて，算術を行うときに本当は何をしているのかを考えてみましょう。今までお話してきたように（おそらくしつこいほど），算術とは，比較しやすいように数量を整理する技術です。そして，すでに数がわかっている数量（どのように表現，記号化されていても）を何らかの方法で合計したいというような形で，よく必要になります。たとえば，二つの量があり，その合計を知りたいとします。要は，二つの小石の集まりがあり，その二つを合わせて一つの集まりをつくりたいのです。これが足し算の本質で，表現や言語とは関係ありません（もちろん，集まりは二つ以上いくつにでも好きなだけ増やせます）。単に集まりをいっしょにするのが足し算なのです。同じように，引き算とは，一つの集まりを，足し合わせるともとの集まりになる二つのより小さい集まりに分けることです。つまり，足し算と引き算は逆の行為です。

現代的な見方では，算術は「数」と「演算」という二種類のもので成り立っています。数が行為者すなわち俳優で，演算が行為すなわち演技です。当然，私たちは区別や比較がしやすいように俳優には名前をつけたいのですが，演技の内容のほうは俳優が行うことのなか，つまり演ずるようにと舞台監督が彼らに指示する行為のなかにあります。算術の分野では，数が名詞であるとすれば，演算こそが動詞なのです。ある意味，舞台の中心にいるのは演算で，数は，演算が作用する対象にすぎません。もしかしたら私は少々先走りしてしまったかもしれません。私たちは互いに作用しあう数に関してつい疑問をもちがちですが，さまざまな算術活動の行為（すなわち演算）こそが，私たちの興味と好奇心を惹きつけるのだと言いたいだけです。いずれにしても，重要なのは行為者でなく行為であるというのが，現代の見方です。

たとえば，足し算は，抽象的な演算（すなわち，集まりを合計すること）で，言語とも表現法とも関係なしに，やるべきことをやるだけです。もちろん，いったんある表現法を採用したら，その体系で足し算という演算の「見かけ」がどうなるのか調べなくてはなりませんし，すばやく便利にできるようにアルゴリズム（や例の針のような記憶を助ける器具）を築いていかなくてはなりません。それこそ，今までずっと話してきたことです。見かけはどうあれ，足し算は記号の列と繰り上げではなく，集まりを合計することなのです。

明らかに，足し算は，数で行える最も単純で基本的な演算の一つです。二つの集まりを合計するよりも基本的なことがあるでしょうか？（実は，すでに触れたように，もっと基本的な行為が一つあります。比較です。算術には不可欠。数量を比べないなら，整理しなおす意味はまったくありません。173×248のまま放っておけばよいのです）。足し算は，石の集まり二つでできる最も単純なことのようです。そしてもちろん，引き算はほんとうのところ，足し算の逆にすぎません。大きな合計の集まりを二つのより小さい集まりにするだけ。

いっぽう掛け算は,もうちょっと高度です。演算を行うのに,二つの集まりを扱い，そのうち一つを使って，もう一つのセットをいくつつくるか指示します。別の見方がよければ，二つの集まりを小石の長方形の行と列の数に対応させれば，小石の合計が掛け算の答えになります。つまり,掛け算はやや間接的で,メタ足し算のようなものです。そして，対称性があるという事実(たとえば，5×6＝6×5)はありがたいことです。これは便利なだけでなく，驚くべき美しい(現代の行動主義的観点を踏まえると)演算自体の特徴です。とにかく，掛け算は完全にすばらしい演算——算術文法におけるもう一つの動詞です。

動詞というのは，一つあると必ずもう一つ現れるようです。ドアをロックすると,いつかはアンロックする必要があります。紐を結ぶ(tie)と，いずれは誰かがそれをほどく(untie)ことでしょう。あることができるなら，ほぼたいていいつも，それをもとに戻せる必要もあるのです。とりわけ数学ではその通りです。数学では対称性が重んじられ，また，演算が頭の中の行為であるゆえに簡単に逆戻りできるという自由があるのです。

ですから，たとえば引き算というものが生ずるのは，言語的にはほとんど必然といえます。私たちは，いったん足し算について話せるようになると，「これに何を足したらあれになるのだろう？」という疑問をもちます。足すことの逆をやりたいという欲がすぐ続くのです。赤ん坊は誰も，いったん歩き方を覚えたら，その逆も思いついて後ろ向きにも歩くでしょう？

そういうわけで，どんな演算，行為，変換も，それを逆にできる，手順を反対にできるという暗黙の可能性が含まれています。どの「上」に対しても「下」があり，どの「時計回り」に対してもその反対があります。旧約聖書「コヘレトの言葉」にも，「石を投げるに時があり，石を集めるに時があり」と書かれています。

ちょうど，同じセットをつくることと逆の，「分ける」という行為が，算術ではとても自然で大変よく行われます。たとえば運よく，大きな袋入りのおいしいジェリービーンズを持っていたとします。さらに，なぜかうっかり（あえて言うなら，気前よく），それを六人のいわゆる友達に分ける約束をしてしまいました。あなたを含む七人は，お決まりの比べっこやえこひいきの責めを避けるために，全員同じように分けることにします。

このような分ける場面にはおもしろい点があります。あなたたちは，一人が何個ずつもらえるのか，まったく知らないで，ただ等しい量がほしいとだけ思っています。そして，この未知の数量が何であろうと，それの七セットを合計すると，もとの数に戻ります。つまり，分けることは掛け算の逆なのです。

この分ける作業は，算術の言葉では「割り算」として知られています。英語ではdivision（ラテン語で「分けられた」を意味するdivisusが語源）で，ある数をある数で「割る（divide）」

といいます。ここでは，ジェリービーンズの合計数を七で割りたいわけです。仮に，二百四十八個のジェリービーンズが袋に入っているとしましょう。それをみんなでどう分けるか，つまり，ジェリービーンズ二百四十八個を七人で「割る」にはどうすればよいかを知りたいのです。セット数と合計はわかっています。それぞれがもらえるぶんがいくつなのか，どうしたらわかるのでしょう？　簡単にいうと，248割る7は何でしょう？

一つの簡単な方法は，ジェリービーンズを配りはじめることです。七人で円をつくり，ぐるぐる回って一人一個ずつ渡し，これを袋が空っぽに（そしてあなたがくたくたに）なるまで続けます。このやり方の問題は，時間がかかりすぎることです。もちろんジェリービーンズが数十個だけなら，なかなか理想的な方法です。すばやく簡単にでき，信頼性が高いでしょう。けれども，数が大きくなると，ぐるぐる回りながら過労で早死にしかねません（もしかしたら，人々が分け合うことを嫌うのはこれが理由かもしれません。めんどうな算術に時間がかかるから，共産主義がけっしてうまくいかないのでしょうか？）。

幸い，もっと効率のよい方法があります。ジェリービーンズを一度に一個ずつ渡すのでなく，二個ずつ，あるいは三個ずつ，もしくはもっと多く配ればよいのです。こうすれば，ずっと速く配り進めることができます（そして，共産主義ユートピアへの希望も取り戻せるかもしれません）。

ここで欲張りすぎると危険です。ジェリービーンズを欲張るのでなく，効率を欲張りすぎると，という意味です。より多く一度に渡すと速く進められますが，早いうちに多くあげすぎてしまい，全員に行き渡る前に足りなくなる危険があります。これはけっこう困ったことになります。経験上，いったんもらったジェリービーンズを返したい人はめったにいないからです。

そういうわけで，私たちはおもしろくて興味深い窮地に立たされます。それぞれの人にできるだけたくさん配りたいのですが，配りすぎると失敗して責任を押し付けられるはめになります。ですから，効率的に分けるには，推定する能力，つまり何個ずつなら足りなくならないように配れるのか，だいたいのところを考える能力が必要です。

分けることに関するもう一つのおもしろい（そして，かなりやっかいな）問題は，いくつか残り物が頻繁に出てしまうことです。同じ数のジェリービーンズを七人に配り終えた後，袋に二，三個のジェリービーンズが残っているかもしれません。言葉を変えていうと，割り算は常に割り切れるものではないのです。もちろん，残り物をどうするかは場合によります。私たちの場合は，公平でいられるように，残り物を犬に食べさせてしまいましょう。とにかく，合計を効率的に割り，残り物があるとしたら，それも効率的に求めるにはどうしたらよいのかが，一般的な問題になります。ちなみに，残り物の数は通常「余り」と呼ばれ，英語ではremainder（「後ろに下がる」という意味のラテン語remanereが語源）です。

ジェリービーンズ（あるいは小石）の場合，単純にテーブルの上にぶちまけて，七つの集まりをつくるのが，おそらく最も合理的でしょう。一ダースぐらいの集まりを七つつくり，それから，それぞれに五個ずつぐらいを配り続け，もとの集まりが少なくなってきたら，二個ずつぐらいに減らして配り，最後に，残っているぶんが配るには少なすぎるようになったら止めます。これが余りになります。もちろん，運よく残り物がないこともありえます。そういうときは，いつもすっきり満足できるものです（あなたが犬でないかぎり）。

これと同じ方法は，エジプトの計数コインのような桁記号体系であってもうまくいきます。実際には，配るべき物体そのものを持っていないかもしれないし，配るのがたいへんかもしれません（たとえば，ヤギだったりすると）。そこで，実際の物体の代用として計数コインを使い，そのコインを分けるのです。要するに，私たちが興味をもっているのは「数」なのです。後からいつでも，それをヤギに戻すことができるでしょう。

さて，あなたは古代エジプトのヤギ飼いになったとします。今のうちにいくらか練習しておいたほうがよいでしょう。合計𓍢𓍢𓍢𓍢𓍢𓍢𓍢𓍢𓎆𓎆𓎆𓎆𓎆𓎆𓏺𓏺𓏺頭のヤギを五人のヤギ飼いで分けることになりました。それぞれ何頭のヤギを引き取れるのでしょうか？　また，余りのヤギはいるのでしょうか？

ここで，私たちはコインの集まりを五つつくることを想像できます。ヤギ飼いごとに一つの集まりです。まず，それぞれの集まりに𓍢のコインと𓎆のコインを一枚ずつ配ります。確実に足りるはずだからです。

𓍢𓎆　𓍢𓎆　𓍢𓎆　𓍢𓎆　𓍢𓎆

まだ，𓍢𓍢𓎆𓏺𓏺𓏺が配られないまま残っています。どれも五枚ありませんので，ここで両替の形で算術を行い，数の形を整理しなおして取り扱いやすくする必要があります。𓍢のコインを𓎆のコインに引き換えていくと，合計二十一枚の𓎆のコインがそろい，五つの集まりに分けられます。さて，知恵を使う（たとえば，二十が四つの五であることから，五つの四であることに気づく）か，単調なまま（配りきるまで繰り返しを続ける）か，やりたいほうを選びましょう。どちらの方法でも，五つの集まりは次のようになるでしょう。

𓍢𓎆𓎆𓎆𓎆　𓍢𓎆𓎆𓎆𓎆　𓍢𓎆𓎆𓎆𓎆　𓍢𓎆𓎆𓎆𓎆　𓍢𓎆𓎆𓎆𓎆

そして，𓎆𓏺𓏺𓏺が残っています。最後に，𓎆のコインを𓏺のコイン十枚にくずすと，それぞれの集まりに二枚ずつ配ることができ，三枚残ります。つまり，ヤギ飼いは一人当たり𓍢𓎆𓎆𓎆𓎆𓏺𓏺頭のヤギを引き取ることになり，ヤギ三頭でおいしいシチューをつくって分配の成功を祝うことができるでしょう（割り算の余りとは違う残り物も出るかもしれません）。

ファラオは，宝石がちりばめられた腕輪𓍢𓍢𓍢𓎆𓎆𓎆𓎆𓎆𓏺𓏺𓏺𓏺𓏺𓏺𓏺個を三人の娘たちに平等に分けたいと思っています。それぞれの姫はいくつもらえるでしょう？腕輪は余るでしょうか？

私たちがやってきた割り算の方法の特徴は繰り返しです。手順の各段階で，決まった数の品物をある程度の大きさの数の集まりに配りました。そして，だいたい何個ずつ配って足りるのかを推定し(安全のため，少なめに推定し続けるようにし)，合計からそれを引き，その手順を繰り返します。推定(すなわち，各集まりに配る量)が大きいほど速く進みますが，早くに足りなくなるリスクも増します。いっぽう，推定が小さすぎると，安全でも，時間がかかりすぎて悔いることになります。

これをインド・アラビア体系ではどのように行うのか見てみましょう。先ほどと同じようにジェリービーンズの例を使います。248個のジェリービーンズを七人で分けるにはどうするのでしょう？　集まりの絵を描かずに，できるだけ簡単で効率的にやってみましょう。常に把握していなくてはならないのは，それぞれの人にいくつあげたか，配るために残っているのはいくつなのかです。そこで，小さな表をつくってみます。

一人ずつにあげた数量	残っている数
	248

表はこのように始まります。そしてすぐ，最初の壁にぶつかります。具体的な物が何も手元にないので，並べたり配ったりできないのです。これこそ小石や計数コインの主な利点の一つでした。今度は，なんとか頭や記号を使って配らなくてはなりません。

それだけでなく，推定や合計も記号で計算しなくてはなりません。ただ248の記号を見るだけで，七人にいくつずつ配って足りるのか，みんなに配る数の合計がいくつになり，それをもとの数量から引くといくつになるのかを，なんとか求めなくてはいけないのです。どうしたらうまくできるのでしょう？

おすすめは（いつもながら）頑張りすぎないことです。いくつそれぞれに配ると決めようが，必ず7を掛けるので，掛けやすい数量を選ぶべきでしょう。8や400のように，0以外の桁が一つだけの数を使うとよいと思います。桁をずらす方法でうまくいくでしょう。もっと配れるはずなのに少なすぎて，若干時間が余計にかかるかもしれませんが，少なくとも，ごちゃごちゃした計算用紙の山をつくらないで済みます。

もちろん，この怠け者向けの方法を使うときでも，さまざまな一桁の数の積がだいたいどのくらいの大きさか，ある程度の勘が必要です。これこそ，ちょうど言語が流暢になるときのように，練習を（たくさん）して身につく類のものなのです。たとえば，私は7×3＝21だと覚えています。ドリルやカードを使って暗記したからではなく，数に注意を払い，その性質に興味をもっているおかげで覚えてしまいました。年月をかけると，そのような情報はいつしか頭にこびりつくものなのです。特にそれが自分にとって一生楽しめるものならば。

割り算の問題に戻りましょう。248個のジェリービーンズを7人に配るのですから，7で掛けるとおおよそ248，できれば248かそれより少しだけ小さい簡単な数量（すなわち，0以外の桁が一つだけの数）を見つけたいということになります。248を超えないならできるだけ大きい数がよいでしょう。あまりめんどうな作業をしたくありませんから。

ここで，掛け算の知識と経験が役に立ちます。当然，一人ずつに百個も配ると，合計七百個も配らなくてはならず，足りなくなります。ですから，百やら何百やらを配ることはできません。いくつかの十をなるべく多く配ることにしましょう。それでは，一人に十個ずつあげたらどうでしょうか？　合計は七十になり，確実に足りるので，そうしましょう。それぞれに十個配る事実を記録し，そうすると何個残るのかも考えます。例の表を使うと，次の方法が便利です。

一人ずつにあげた数量	残っている数
	248
10	70
	178

最初の項目に10と記入した後，それを七人で掛けて70と出し，248とそろえていつものように引き算ができるようにしました。これで，一人ずつに10個だと178個のジェリービーンズが袋に残るとわかります。理屈がわかりますか？（もちろん，あなたは，自分のやり方でこういう情報を整理してもよいのです。あくまで私にはこの方法が簡単でわかりやすいということです）。

ここで，一人に十個ずつという推定があまり効率的ではないとわかります。もっとたくさん配って，合計を減らせるのです。いずれにせよ，たいしたことではありません。正直なところ，三十個ずつ配っても，まだ足りるのです。7×3＝21で，それをずらすと7×30＝210ですから，まだまだ248以下です。ですから，もうちょっと勇気があれば，いっぺんにもっと多くのジェリービーンズを配れたのです。

こういうとき，「エネルギー節約」主義とでもいえる考え方が登場します。単純な算術を何度も繰り返してもいいですが，少々頭を多く使うことでより速く済むのです（これは，まるで滑車のようです。短い距離を必死に引っぱり，ブタのように汗をかくこともできます。あるいは，もっとうまいこと滑車を組み合わせると簡単に運べますが，これには長い時間がかかってしまいます）。

いずれにしても，すでにやってしまったことは取り返しがつきません。しでかしてしまったことをとやかく言うのはやめましょう。10でなく30を使えたわけですが，困ることはありません。ただ計算を続けましょう。今178個のジェリービーンズが残っています。七の便利な倍数が何だかわかりますか？そう，今までの経験から7×2＝14を知っているので，7×20＝140だとわかり，これは適度に近く，また無事足りる数です。これを使ってみましょう。

一人ずつ	残り
	248
10	70
	178
20	140
	38

この表からわかるのは，合計10＋20＝30を一人ずつに配ると，38だけ残るということです（最初から30を使う賢さがあれば，もっと早くにわかっていたはずです）。

さて，38個のジェリービーンズが残っています。十個ずつ配るのにも足りません。もちろん，一個ずつ配りだすことはできますが，おそらくもっとよい方法があるでしょう。7×5は35になるのですから，これはまさに使えそうです。そうすると，一人ずつに配る合計は35個のジェリービーンズで，残り物は3個。最後に，表は次のようになります。

一人ずつ	残り
	248
10	70
	178
20	140
	38
5	35
35	3

「一人ずつ」の項目に記入された数を合計すると，一人ずつに渡した個数の合計がわかります(この種の計算では，必ず数字をそろえて記入し，足し算や引き算をやりやすく，はっきり読みやすくしてください)。とにかく，これが私たちの簡潔な割り算方法です。

5625を4で割るとどうなるでしょうか？

もちろん，この作業を簡単にする方法があります。たとえば，わざわざ項目名を書く必要はありません。いつも左には「一人ずつに配った数量」を，右には「残っている数」を記入すると約束すればよいのです。そもそも，誰が途中経過を見るのでしょう？　あなた自身がその結果を知るために，このような計算をするのですから，好きなようにやればよいのです。ただ，あなたが使っている記号の意味をはっきりさせて，自分が間違わないようにするだけのことです。

もっと重要なのは，よりよく推定すれば，割り算の手順をさらに速く簡単にできることです。原則として，0以外の桁が一つだけの数量で最大かつ足りなくならないものをいつも選ぶと，より少ない手順で計算を終えることができ，効率を最大化できます。ここでもまたトレードオフです。より速くより効率よくするには，より多くの知識と経験が必要なのです。

特に，一桁同士の掛け算は，ある程度すらすらできるようになる必要があるでしょう。誰かが「数字に強い」といわれている場合は，たいていそれができるという意味です。「二十七」と聞いたり見たりしただけで，すぐ「三掛ける九」と思うような人のことです。もしかしたら，よくできすぎていやな奴だという含みもあるかもしれませんが，実際のところ，算術技術は自慢するものでも妬むものでもありません。うまくなろうと頑張れば，うまくなれるものです。歩くことや話すことのほうがかぎりなく難しいのに，ほとんどの赤ん坊はやがてものにしてしまうものです。ですから，自分が満足するまで上達したら，あとはもう無理をしないようにしてください。

とにかく，私たちは一桁同士の掛け算（つまり，九九）をほぼ知っているとしましょう。この逆も知っている必要があります。三つの六が十八だというだけでなく，十八が三つの六だというように。「○○が××だ」というのはこのような意味，つまり，○○と××の二つを逆にして「××は○○だ」としても通じるのです。なんだか，外国語を学んでいるような感じです。英語からドイツ語に訳すことも，その逆もできるようになる必要があります。語学では辞書を使いますが，ここでは，六のグループから十のグループへ通訳をしています。九九の表が，十のグループサイズから他のグループサイズへの辞書になるわけです。それはともかく，ここでは九九を全部知っていることにしましょう。そうすれば，少々作業をスピードアップできます。

　できるかぎりの千を全部（最大の推定をするのです）配り，それから百，十，最後に一と考えていきます。十進法の位ごとに手順が一段階あることになります。実際に例題をやってみましょう。6842を5で割ります。表は次のようになります。

	6842
1000	5000
	1842
300	1500
	342
60	300
	42
8	40
1368	2

　段階ごとに，五の掛け算についての詳細な知識を使い，どれ

も最大（それゆえ最も効率的）となるように推定しました。ぜひご自分でもやってみてください。

もしやりたければ，この手順をさらに簡素化できます。必ず一桁の数で推定するので，足すのは簡単です。1368という合計は1000＋300＋60＋8と足して得たのでした。別の言い方をすると，このような0以外の数字が一桁だけの数はお互いに干渉し合いません。両替や繰り上げや繰り下げのようなものは何もありません。1368という数字列はただ推定そのもののままです。この特徴を利用して，もっと速く，スペースも少なくできるアルゴリズムをつくりたがる人たちもいます。そのなかでも人気のある形式は，一桁の推定をもとの数量の上に書き，対応する位の値に正しくそろえる方法です。

$$\begin{array}{r} 1368 \\ \hline 6842 \\ 5000 \\ \hline 1842 \\ 1500 \\ \hline 342 \\ 300 \\ \hline 42 \\ 40 \\ \hline 2 \end{array}$$

ここで重要なのは，最後に足し算をする必要がないことです。計算を進めながら，どの数字も正しい場所に収まります。数が大きくなったとき，時間とスペースを節約するのにとても便利です。

この新しい方法を使い，53219を8で割ってみましょう。

もちろん，ものごとはもっと複雑になることもあります。たとえば，ジェリービーンズの数や，人の数が増えるかもしれませんし，17503を13で割る必要があるかもしれません。この場合，推定も掛け算もごちゃごちゃしてきます。試してみましょう。

この計算はかなり単純にはじめられます。それぞれに1000ずつ配れると簡単にわかるからです。先ほどの表のような形にしてみましょう。

	17503
1000	13000
	4503

次に考えるのは，いくつの百を配るのなら足りるのかということです。十三の倍数を知っていると確実に役立つでしょうが，私たちにはすべての数のすべての倍数を知ることはできません。無限にあるのですから！　そこで，ときには気合を入れて，頭の中で計算しなくてはなりません。私は13の三セットが39

だと知っています。四セットでも足りるでしょうか？　トランプのカードは四種各13枚で，合計52枚だという事実を使えるでしょう（笑うなかれ――すべての経験は算術の役に立つのです）。これは，300ずつなら3900，400ずつなら5200になるということです。つまり，三百を配るほうしか足りません。

	17503
1000	13000
	4503
300	3900
	603

このように，割り算というのはけっこうな作業になります。推定，掛け算，引き算，そしてすべてを桁ぞろえするのですから――私ができるだけ避けてしまうのも当然！

次は，十をいくつ配れるか推定しましょう。もう怠けたくなって，390になるとわかっているからと単に30ずつ配ってしまっても，あなたを（もしくは私自身を）責めやしません。それで掛け算の手間を省けますが，後からもっと十を配るはめになるでしょう。それより，またトランプの束を思い出せば，わざわざ手間をかけずに済みます。13×40は520に違いありません。30より大きいですが，足りなくはなりません。ですから，40を使いましょう。

	17503
1000	13000
	4503
300	3900
	603
40	520
	83

とことん怠けたいので，もう一度，また同じように13×4を使いましょう。それから，その後残されためんどうなものに対応するのです。

	17503
1000	13000
	4503
300	3900
	603
40	520
	83
4	52
	31
2	26
1346	5

おやおや，最後は一を六個ずつまとめて配っても足りたのですね。とにかく，これで完成です。17503を13で割ると1346で，余りが5。これより（わずかに）効率的なやり方は次のようなものでしょう（ここで私はさらに頭を使い，不必要なゼロを排除して，書くことも節約しました）。

```
 1346
-----
17503
13
-----
 4503
 39
 ----
  603
  52
  ---
   83
   78
   --
    5
```

正直なところ，私は実はより効率のよいこの方法が大好きなわけではありません。そこまで頑張って，可能なかぎり最大の数量を確実に毎度配りたいと思わないのです。それよりも，配りたいときに配りたいだけ配るほうが好きです。実際，私は余計に配りすぎて（つまり，足りなくなり）後から少し取り返すことすらあり，推定はけっこう気軽にやっています。ですからあなたも，効率にとらわれずにお好きなほうでやればよいでしょう。

本当のところ，鉛筆と紙で割り算することはそう多くなく，後で述べるように，この種の長いアルゴリズム的手段は今となってはほとんど時代遅れです。それでも，楽しく取り組める問題があります。

四千六百四十八個のチョコレートを等しい量に分けて
十七回出荷します。
残りが出たら，それはあなたがもらえることになっています。
あなたはチョコレートを何個もらえますか？

割り算や分配の話のついでに，あるおもしろい特徴について触れておきたく思います。袋入りのジェリービーンズを七人で分けるとき，どういう数に七を掛けたら今ある合計（今は余りを無視しましょう）を問いました。他の言い方をすると，七掛ける何が一袋分になるのでしょう？　わかりやすくしたいので，ここでは一人八個ずつもらうことにします。すると，全部で五十六個のジェリービーンズがあることになります。7×8が56であるという事実は複数の解釈が可能です。

一つには，7×8を八の七セットだと考えられます（つまり，七人それぞれが八個ジェリービーンズをもらいます）。もう一つには，掛け算の対称性を使って，七の八グループだとみなせます。つまり，七というのは，それぞれ八個のジェリービーンズをもらえる人の数です。いいかえると，今いる人数にいくつずつ配れるかを尋ねるかわりに，今ある数量を何人に配れるのかと尋ねてもよいのです。掛け算の対称性により，割り算を少々異なる二つの方法で考えることができるわけです。一つは，集まりがいくつあるのか決まっていて，ある数量をその集まりに分けると，集まりのサイズがいくつになるのかと尋ねる方法です。また，もう一つは，集まりのサイズが決まっていて，ある数量をその集まりに分けると，集まりがいくつできるのかと尋ねる方法です。

もちろん，この二つは抽象的にまったく同じことで，単なる解釈の問題です。七も八も（二つの積である五十六も），あなたやあなたの算術の問題なんて気にしません。彼らは自分たちのやること（つまり掛け算）で忙しすぎて，あなたの小さな解釈問題などにかまう暇はありません。現代的な見方では，集まりも分けるぶんも人も無視して，ただその行為に集中するでしょう。五十六を八で割ると七。なぜなら，七掛ける八が五十六だからで，それだけです。どの数が人でどの数が集まりかなんてことは，誰も気にしません。

もう一つ指摘しておきたいのは，この割り算の方法は，桁をずらすこととととても相性がよいということです。六十を掛けることが本質的に六を掛けるのと同じなように，割り算でもそのようなことがいえます。つまり，十を掛けることが単に（左に一桁）ずらすことだと考えたように，十で割ることはその反対方向（つまり，右へ一桁）にずらすことと考えられるのです。

これは，この割り算方法全体で，十進法の細分化や小数点を含む表現を活用できるという意味です。たとえば，$324.87のローンを支払額が一定の五回分割払いで組むと，次のような方法で一回の金額を計算できるでしょう。まず最初に，小数点を無視します。32487の何か（この場合は一セント硬貨）があります。それをいつものように五で割ってみましょう。

	32487
6000	30000
	2487
400	2000
	487
90	450
	37
7	35
6497	2

位はいつでもずらせる（ですから，今単位を決めないでよいのです）ので，最後までとっておけばよいでしょう。そこでここでは，最初に二回ずらして324.87を32487に変えたので，それをもとに戻すと，分割払い一回分が$64.97で，余りは

$0.02。つまり残るのは一セント硬貨二枚になるとわかります（これは貸し手と相談しなくてはならないでしょう）。

要は，私たちがしっかり考えるかぎり，こうした位取りアルゴリズムをいろいろ利用できるのです。

$324.87を一定支払額の五十回分割払いで組むと，一回分の払いはいくらでしょう？

特に科学や工学などの専門的分野では，計算に高い精度が必要になります。そのような場合，余りが問題です。たとえば，もし7.25kg（すなわち7250g）の質量の液体サンプル8L（リットル）があるとします。この液体の密度（L当たりのgで計測）は割り算で計算でき，7250を8で割ります。いつもの方法だと次のようになります。

	7250
900	7200
	50
6	48
906	2

けれども，残り物が問題になります。もちろん，密度はだいたい906g/Lだといえますが，それはサンプルの質量が2g少

なかったらのことです。ほんの少し液体を捨てたらよいのかもしれませんが，そうすると8Lではなくなります。このような場合の正しいやり方は，単位をもっと細かく分けることでしょう。7.25kgを7250gとして見るのでなく，7250000と考えましょう（これは，mgで計測していることになりますが，そんなことはどうでもいいでしょう。要は，桁をたくさんずらして精度を高めているのです）。すると，次のようになります。

	7250000
900000	7200000
	50000
6000	48000
	2000
200	1600
	400
50	400
906250	0

これでもう，不快な余りはありません。ずれをもとに戻すと，つまりもとの単位に戻すと，密度は906.25g/Lになります。

もしもまだ残り物があれば，また桁をずらし（さらに精度を高め）てみるか，あるいは，あまりにも小さい余りでわずかな誤差であるなら単に余りを無視するかのどちらかを行うことができます。たとえば，1Lにつき0.00003g違うだけなら，かまうことはないかもしれません。

どの実践的な実世界の場面（素粒子物理学や宇宙論すら含む場面）でも，これ以上は無意味だという精度の境界が必ずあります。その理由の一つは，もとのデータがいつも近似値だからです。ですから，科学者，エンジニア，大工，裁縫師，パン屋，農家はみんなしょっちゅう算術を使いますが，最も重要なスキルは，どの程度の精度が適切なのか知ることで，特に，いつ余りを安全に捨てられるのか知ることでしょう。通常受け入れられている慣習とでもいえるのは，「データよりも精度をわざわざ上げないように」ということでしょう。もし，125.26を3.8で割る必要がある状況ならば，32.9631579のような答えを出すために頑張るのはばかげているでしょう。もとの数は小数点以下の位がほんの一つか二つだけなのです。私なら，おそらくただ33とするでしょう。あまりにも近いのですから。

一般的に，ある人が3.8という数を書くとき，意味しているのは，3.8ぐらいであり，3.75と3.85の間のどこかだと保証できることだけです。もし，より多くわかっていたら（あるいは，より多く気にするのなら），3.83のようにもっと精度を高めて推定するでしょう。3.83というのもまた，ある許容度までの数を示しているにすぎず——最後の数字はいつも若干不確かです。計測の精度をどうすべきかの決定は，いわゆる有効数字を何桁に決めるかということで，とても基本的なことです。

それは，あなたがやっていることとその理由次第なのです。

あなたは実験室で三本の試験管に入っている
液体の量を計測しています。
それぞれの容積（mL単位）は次の通りです。
30.25，27.12，32.62。この三つを合わせると，
合計容積は90mLをほんの少し超えることがわかりました。
これは驚くべきことでしょうか？

12. 機械

おそらく，位取り算術の最も驚くべき威力のある点は，どんな計算でも一組の純粋に抽象的な記号操作に変えてしまうことでしょう。大体のところ，このような記号をいじくりまわす方法は，根本的な意味をまったく理解しないままでも使いこなせるよう訓練できます。さらに，無理やり小さな子どもたちに記号の表や意味のない手順を丸暗記させ，その退屈で魅力のない行為の出来（あるいは出来なさ）によって褒美や罰を与えることさえ，（もしそこまで残酷になれると思うのなら）できるでしょう。そうすれば，将来有望な働き手たちが，技巧としての算術に個人的興味をもったり，算術を通した視野を楽しんだり，夢中になりすぎてしまうことを防げるのです。この分野全部を丸暗記の機械的作業にしてしまい，信頼性の高い従順な道具になろうと一生懸命がんばる子どもに，ほうびをあげるのです。この悪夢のようなディストピアを想像できますか？　そんなことは考えたくありません。

人間は，頭を使わない繰り返し作業をしていることに気づきだすと，やがて必ず誰かが聡明にも，その作業を肩代わりする機械をつくろうと考えだします。算術も例外ではありません。純粋に繰り返しの機械的方法で記号を動かすことに，なぜ時間を無駄にしなくてはならないのでしょう？　そんなことは召使にやらせればよいのです。けれども，気難しく信頼性もない（そのうえ給料まで望む）人間の召使にがまんしてやらせる理由はありません。代わりに無生物にやらせたらよいのです。しつけ教育機関が生み出す人間機械でさえ，機械の奴隷にはまったくかないません。

鋤《すき》やろくろにしても，機織り機やミシンにしても，人類はいつも役立つ行為を機械化する方法を見つけ，辛く退屈な労働を機械にやらせ，自分たちの自由時間を得て考えたりくつろいだり芸術を楽しんだりしてきました（それはまた，産業労働力から多くの人々を排除して貧困に追い込み，不平等や社会不安，その結果として階級闘争をつくりだしました）。

最も単純な機械的算術器具は，オドメーター（走行距離計）やターンスタイル（回転木戸）のような計数器（カウンター counter）でしょう。回転部分が一回転するたびに計数器の数字が一つずつ増加します。ボタンを押すと一つ数が増える，手で持てる単純な計数機もあります。このような機械はどう働くのでしょう？

私たちのために機械に何かやらせるのは，そのプロセスから理解や把握を取り除く方法を見つけることと同じです。純粋に機械的な行為にしてしまい，そこでは何が起きているのかということを含め本質的にはいかなる理解もまったくいらなくなります。そうでなくて，どうやって考えることのできない歯車やバネの集まりに仕事をさせられるでしょうか？

機械が原則的に考えることができないということではなく，考えるとはどういうもので，どうやったら考えさせることができるのか，正確にはまだよくわからないと言っているだけです（どうも私たちは考えさせない方法を見つけることはかなり得意なようですが）。もちろん，明らかに考えることのできる生物学的機械――たとえば，我々人間――もありますが，自分で設計したのではないので，どのように働くのかはよくわかりません。

そこで，どの機械を組み立てるにもまずは，あなたが行いたい作業を頭を使わない繰り返しの機械的行為に分解しましょう。タペストリーを織っているときは，葉のデザインの部分を織るために緑の糸を選ぶとよいとよくわかっていますが，自動織機はそのような考えをもたず，理解せずにただ指示に従い，意図するのではなくデザインを無理やり押しつけられて緑の糸を選びます。同じように，私は血管に血を流すよう選択したわけではなく，私が望もうが望むまいが心臓が鼓動を打っているのです（たいていこれはうれしいことです）。

そういうわけで，どうにかして機械の計数器に，理解せずに数え上げる（つまり，勘定に一を加える）方法を覚えさせなくてはなりません。実際，器具はインド・アラビア数字を表示しますが，その意味は理解していない（理解できない）のです。つまり，「一を加える」ことの物理的解釈を見つける必要があり，その解釈は本来の数の意味をもちません。

簡単な方法の一つは巻紙をつくることです。長い紙に連続する数を書いて，ハンドルを回すごとに次の大きい数に巻紙が進むようにします。

これなら頭を使いません。このデラックス版は，おそらく箱か何かハウジングの中に巻紙が入っていて，動かしやすいようにつくられたものでしょう。どの数まで到達したのか見ることができる表示窓もほしいところです。それから，うっかり回しすぎたり逆に回したりしないように設計して，間違えが起こりにくく気楽に使えるようにしたいでしょう。また，巻紙を回すたびにカチッと気持ちのよい音がするとよいかもしれません。典型的な解決法はラチェット機構を取りつけることです。単にバネに押し当てられた爪とギアを組み合わせたもので，ハンドルが勝手に回りすぎないようにします。

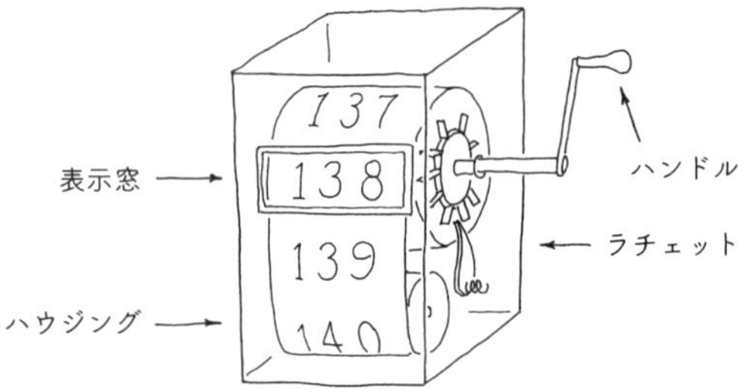

ばかばかしいほど単純ですが，この集計器具はとても便利な特徴があります。まず，確実に簡単に使えます。ハンドルを回すだけ！　それでそのときの勘定が表示窓に現れます。ラチェットを少々改良すれば，逆方向に回せるようにもなり，うっかり数えすぎてしまったときの修正などができます。

けれども，いずれ(もしかしたら，すでに今)，この設計に潜む不便さに気づくかもしれません。最初に長い巻紙に連続する数を書いて準備しなくてはならない(そして，その長さは目的によりけり)というめんどうはさておき，使う前にリセットする，つまり「ゼロに合わせなおす」問題があります。もし昨日三百いくつかまで勘定したとすると，今日の勘定をはじめるためにこの器具をリセットする必要があり，巻紙を最初(おそらくゼロの表示)まで巻き戻すのにかなり時間がかかります。けっこうめんどうです。

もっとうまくできるでしょうか？　巻紙をいくつか準備して，使うたびに交換してもよいですが，最善の方法には思えません。やらないで済むのなら，いちいちハウジングを開いて中をいじくりたくないものです。私はただ信頼できて使いやすい携帯器具がほしいだけで，避けられるものなら，数の書かれた長い巻紙などつくりたくありません。

技術は進化します。ちょうど植物や動物が環境の変化に反応するように，設計の良し悪しによって繁栄するか苦しむか，滅亡するか，より適応した形に変化するか，機械も反応していきます。機械にとっての環境は，人間に使われることであり，技術革新が進化過程を進めます。いったん新しいアイディアが問題を解決すると，もう古い設計はおしまいです。博物館には動物と機械両方の古生物標本がいっぱいあります。両者の大きな違いは進化による変化のスピードです。技術は，自然生命体よりずっと速く進化します。無作為で方向性のないプロセスである遺伝子変化と反対に，革新は意図的なものだからです。既存の機械設計の性質を改良したいとき，ゴールを念頭に意図的に行います。必ずしも成功するわけではないですし，意図しない副作用や悪影響を予測できないとさんざんに言われますが，決してでたらめなことが起こるわけではありません。これは，技術変化というものが迅速で予測しがたいということですが，それではどうしたらよいのでしょう？　人類は飽くことのない好奇心をもち，非常に賢く，そして信じられないほど愚かなのです。

願わくば，私たちの計数器の改良は，意図しない害を引き起こしすぎないでほしいものです。大きな歴史的革新になったのは，数字が記された回転ドラムのアイディアです。やっかいな数字の巻紙のかわりに，各桁ごとに別個の回転ドラムと軸を使うだけです。これは，数を記した長いリストがいらなくなるだけでなく，各桁を別々に動かし管理できるので，勘定をずっと速く行い，簡単にリセットできます。

回転ドラムごとにそれ自体のラチェット機構が必要となり，

さらに複雑ですが，それについてはすぐご説明しましょう。これは非常に典型的な技術革新と進化です。このようなことは間違いなく，数言語の歴史と発達において見てきたことです。ほぼいつもトレードオフがあります。使いやすいと理解しにくく，より速く便利だと直感的でなく，機能が多いとよく壊れるというように。

進化では，それが機械的，生物的，文化的のどの進化であろうと，いつ止めるべきかが問題になります。体長二十メートルのトカゲはよいものでしょうか？　ハイヒールやテレビのリモコンは？　どのような革新が本当に役立ち，どのようなものが単なる流行にすぎず，ばかげたものだと後の世代が気づくでしょうか？

数字が記された回転ドラムはよい技術革新だと思います。この原理の使用例はいろいろありますが，私が一番好きなのはこのようなものです。

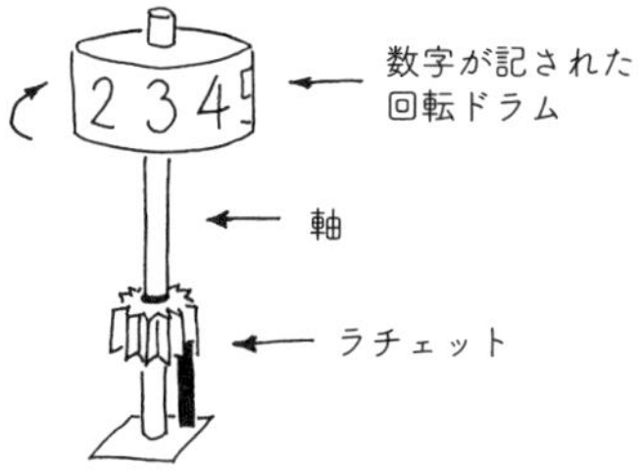

この設計では，軸を中心に回転ドラムを回すたびに，ラチェットがカチッと音をたて，前に向く数字が次の数字に変わります。

二桁以上の計数器なら，この回転ドラムをただ列に並べればよいでしょう。

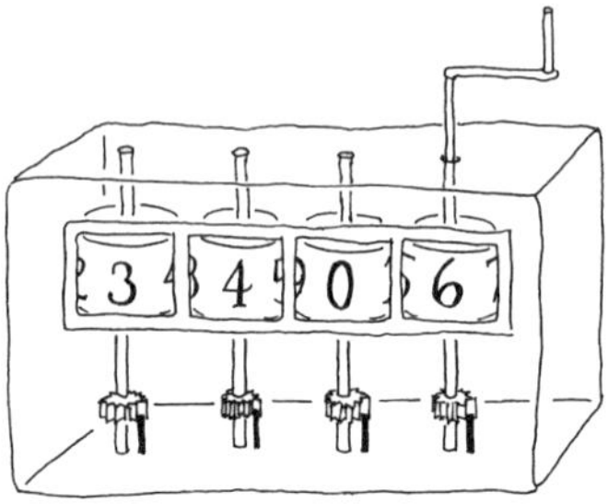

これは四桁の計数器の設計です。各桁それぞれが表示窓をもち，ハンドル（あるいは，お好みであれば，つまみ）を一の桁のドラムの軸に直接取りつけます。

最初の障害に，すでに気づかれたかもしれません。計数器が九の数に到達し，ハンドルをもう一回転させると，計数器は十にならず，代わりにゼロにリセットされてしまうのです。問題は，一の桁がただぐるりと回転しただけで終わることです。ぐるりと回ってゼロになったことを，なんとか十の桁に伝え，いよいよ十の桁が数える番だと教える必要があるのです。ちょうどよいタイミングで一の桁の回転ドラムが十の桁のドラムにかみ合うようにしなくてはなりません。

これを行う最も単純な方法は，一の桁の軸に「爪」を取りつけ，それに対応する「歯車」を十の桁の軸に取りつけることです。

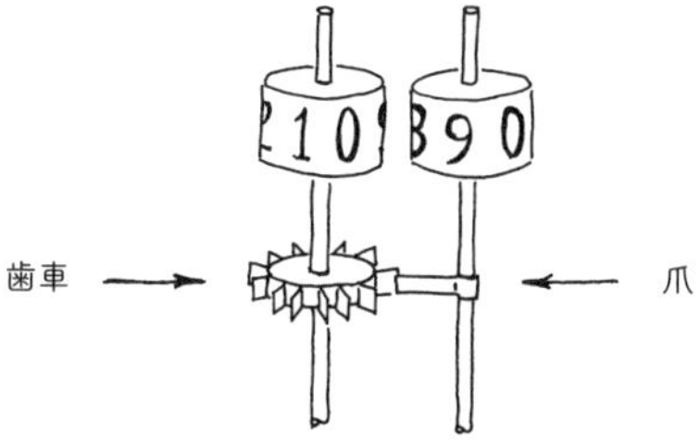

爪は単純に一の桁の回転ドラムとともに回転し，回っている間ほとんど何もしません。そして，ついに回転ドラムが最重要な9の位置にたどり着くと，十の軸に取りつけられた歯車とかみ合い，一の桁が0に進むと同時に十のドラムも自動的に回転させるのです。もちろん，爪の長さや歯車の歯の間隔は，十の回転ドラムがぴったりうまく進むように細心の注意を払って設計しなくてはなりませんが，この種の神経質な細かさにエンジニアはよだれをたらして喜ぶものです。

ここで,思いもしなかったおもしろいことが起きます。実際,一の位の回転ドラムが9から0に回転すると，それは十の位の回転ドラムを逆方向に回転させるのです。互いにかみ合って連動する歯車同士というものはお互い反対方向に回転する性質をもっています。もし一のドラム（および爪）が時計回りに回転するのなら，十のドラムは必ず反時計回りに回転します。ですから，図のように，十のドラムの数字の順をひっくり返さないといけません。なんだかおもしろいではありませんか。もちろん，もし気に入らなければ，こうならないように自分で設計すればよいのです(たとえば，もっと歯車を挿入するなど)が，ここでは簡単なままにしておきましょう。

ついでにもう一つ改良できるのは，ハンドルをもっと楽に使えるつまみかダイヤルに取り替え，さらにそれを各桁の軸に一つずつ取りつけて，それぞれ別個に調整できるようにすることでしょう。新しく改良された計数器は，こんなふうになります。

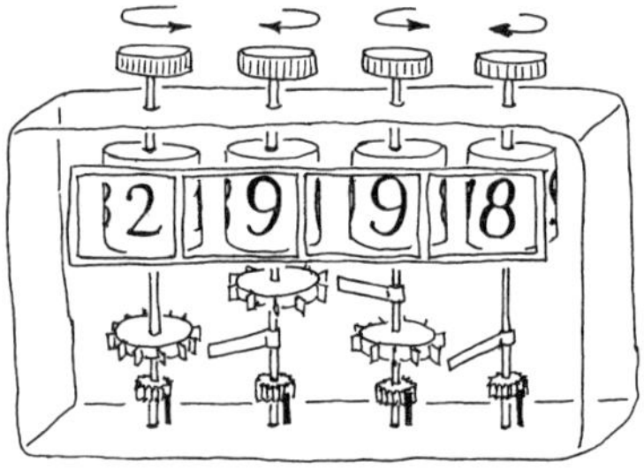

各軸に爪と歯車が取りつけられています(両端の軸は片方しか必要ありませんが)。これらは，お好みのままに高くも低くも軸に取りつけられるので，お互いに邪魔し合うことがないよう，(図のように)ずらして取りつけるとよいでしょう。すると，ドラムは交互の方向，つまり時計回りと反時計回りで回転します。

これでやっと名前にふさわしい計数器ができました。また，それぞれの軸を独自に操作できるようになったので，十のダイヤルを二度進める(もちろん適切な方向に)ことで簡単に二十を勘定に加えることができます。それだけでなく，ダイヤルを逆方向に進めることで簡単に引くこともできます。

子どもの頃，母の買い物について行くと，母はまさにこの種の器具で，いくら支払ったのかを把握していました。この器具をよく私に持たせ，購入する商品の価格を，たとえば$2.39と，私に教えてくれました。すると，私はダイヤル（もしくはボタンだったでしょうか？）を回して，その値段を合計に加えました。百の軸を二つ移動，十を三つ，一の位は九つというように。数字が回り，自動的に次の桁が進むと，私はただうれしく感じたものです。六歳の頃それが大好きで，今でも大好きです。オドメーター（走行距離計）が100,000マイルへと回転するのを見たくない人がいるでしょうか？　いったい爪の何に，私たちはわくわくするのでしょう？

おそらく，生命の本質に惹かれるのです。動かない物体は，動くものと比べてなぜか本質的におもしろくありません。何かが自分で動くと，私たちは見たくなります。そのうえ，その物体と仲間意識を感じます。それで，「何をやっているんだろう？」，「何をほしがっているんだろう？」と，その物体が意識や意図をもっているように言います。その物体がじゅうぶん複雑ならば，人格まで与えて，たとえば「私の車は最近すごく機嫌が悪い」，「今日はトースターに嫌われているみたい」などとも言います。英語のanimateという単語には「動きを与える」，「生命をもつ」などの意味があり，animal（動物）と同じく，「魂」を意味するラテン語animaが語源です。これも，私たちの頭の中で「動き」が「魂」つまり「命」と結びついている証拠です。私たちからの刺激なしに，物体がそれ自体で動くとき，私たちはそれを生き物として見る傾向があるのです。

動くといっても，そのものの反応，つまり外的状況により異なって動くことがとても重要な条件です。ただ水が川床を流れるからといって，水が生きていることにはなりません。私たちは，その物体が行動を調整し，「決める」のを見たいのです。

これを，まったくもって笑えるほど単純な方法で，爪が行います。そして，私たちの計数器が位取り算術を理解しているかのように見せるのです。十のドラムはただそこにあるだけで，一のダイヤルを回したところでまったく気にしないで自分のことだけ考えていますが，一のドラムが9を越えて0に到達したとたん，それに反応して動くのです。まったく独力で，やや不気味な感じです。

おそらくあなたは，計数器に（何らかの限定された）意識を授けてしまう私の空想的な考えに呆れて笑うことでしょう。けれども，人はよくこのようなことをコンピューターに対して思うのではないでしょうか？（私たちの計数器よりも明らかにずっと複雑な機械とはいえ）このような機械は相互接続されたトランジスタが大量に集積されたもの以外の何物でもないと，頭の中ではわかっているかもしれませんが，それでも，「こいつは何をするつもりなんだ？」，「なんで私のファイルを消すことに決めたんだろう？」などというような独り言を言ってしまうことがあります。根本的に，トランジスターはスイッチで，電流を送るかどうかは一定の入力電圧によって決まります。つまり，異なる状況に対して異なる反応をするのです。ただの上級な爪のようなものです。必要なぶんをいっしょにかみ合わせていくと，「考える機械」になるのです。

さらに言うと，神経細胞というものも（極度に洗練された）爪の生物版に違いないでしょう。神経細胞は入力によって電気的刺激を送ります。ちょうどトランジスタのようです。主な違いは，私たちが発明したのではないということでしょう。ですから，神経細胞がどのように働くのか私たちは未だに全部理解していません。それでもとにかく，神経細胞はやはり生物的スイッチで，じゅうぶん多く（たとえば千億個）いっしょにつなぐと，人の脳になるのです。そして，このようなものに意図や意識を授けることに私たちは問題を感じないようです。

ですから，計数器の表示が0999から1000に変わるのを見て，それがある種の動物反応のようだと感じてしまうのは，実のところばかげたことではないかもしれません。友達と座ってコーヒーを飲みながらしゃべっているとき，私たちがやっているのは似たようなことでないと言えるでしょうか？　私の脳の中で数百万個の神経細胞の爪が，コーヒーを一口飲みたいという欲を（一見してわかる通り）私に起こさせ，さっと腕時計を見て「うん，君の気持ちはよくわかるよ」と言いたくさせるのです。あなたがどう思うかは知りませんが，私は，自分が複雑で大量の爪以外の何物でもないという考え方をどうも喜んで受け入れられません。これを書いているのは私なのに，おかしいことです。

実際，世界中がとめどないオートメーションのようなものです。何もかもが動きまわり，化学的あるいは物理的な爪に反応しています。ですから，笑いたければ笑ってください。私は，自分で動く物に喜んだ六歳の頃の気持ちのままでいることにします。オドメーターが生きていて，魂をもっていると考えたくなければ，考えないで結構です。けれども，オドメーターと私の間には美しい関係があり，オドメーターが回転すると，私はわくわくしてしまうのです。

とにかく私たちには，自動的に数え続ける単純で信頼性のある機械的器具があります。それぞれの位別のダイヤルを使うと，簡単にどんな数量でも現在の合計に加えることができ，「両替」が必要になると，機械が（爪という仕組みを通して）やってくれます。それには理解はまったく不要です。

ご想像どおり，人間はこのような考えを何世紀にもわたりずいぶん苦心してつくりあげてきました。十五世紀のレオナルド・ダ・ビンチによる木製歯車と爪のようなものから，現代の精密機械の部品まで。そして，設計改良は信頼性を高めたり操作しやすくしただけでなく，働きの範囲を拡大し，足し算，引き算，位をずらすこと，掛け算，そして割り算を含むようにまでなりました。当然，ずっと多くの機械化を念入りに実現する必要がありますが，原則的に特に驚くべきことはありません。完全に繰り返しで行われる段階ごとの作業であれば，いずれ賢いエンジニアが何らかの歯車やレバーでできるようにする方法を見つけるのは時間の問題でしょう。

携帯用の機械式計算機の類は，1930年後期にクルタ計算機の開発によって実現しました。

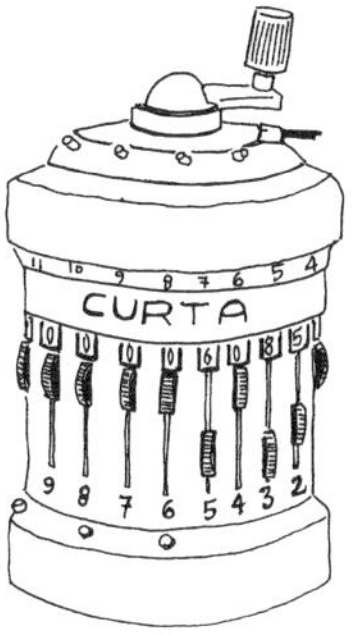

第二次世界大戦中オーストリアのエンジニア（かつ強制収容所の収容者）によって設計され，クルタ計算機は，最も信頼性が高く便利で強力な小型サイズの機械式計算機でした（実は今もそうです）。小数点以下十五位まで正確で，どのような複数桁の足し算，引き算，掛け算，割り算もあっという間に計算できました。

もちろん，そう長くたたないうちに完全に自動的な電子計算機が現れました。私は小さい頃，父の電子卓上計算機で遊んだ記憶があります。かなり大きく緑色で重く，とにかくうるさい音をたてるものでした。

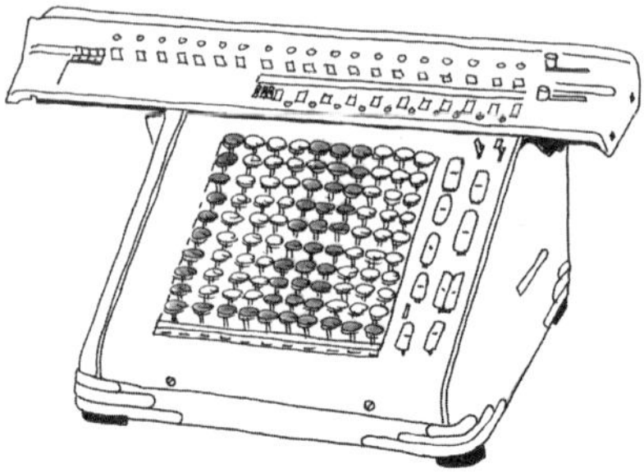

二つの数を掛けるには，各位の数字キーを押して掛け算のボタンを押すと――ガチャガチャガチャ――位をずらし合計する作業が始まります。そしてしばらくすると，表示窓に掛け算の答えが現れます。ハンドルを回す必要もありませんでした。

電子卓上計算機（と類似製品である自動キャッシュレジスター）の登場は，鉛筆と紙の旧式算術の終わりを意味するようなものでした。もちろん，人々は今でも封筒の裏にささっと計算したりしますが，もっと大規模の商業用や科学用の計算においては，機械に計算させますし，そうすべきです。結局のところ，計算機は私たちよりも計算が得意なのです（最近，わざわざ鉛筆と紙の算術を行うのは学校の子どもたちだけで，それをするのも無理やりやらされるからです）。

これらの機械で実に不便だったのは，その大きさと重さで，そろばんや鉛筆のように簡単に持ち運べませんでした。この最後の技術的問題は，1950年代初めにトランジスタの発明によって解決されました。トランジスタはソリッドステート式電子器具で，本質的には電圧でコントロールするスイッチとして作用し，私の子ども時代にあった旧式で使いづらい真空管にとって代わりました（子どもの頃近所のドラッグストアで，父が私に壊れたラジオやテレビの真空管を真空管試験機でチェックさせてくれたとき，非常にわくわくしたことを今でも覚えています）。ほとんどすぐに，より小型で持ち運びしやすいトランジスタラジオが現れ，人類の歴史上初めて，どこへ行っても音楽を聴けるようになりました。

トランジスタは，その前にあった真空管のように，電流を確実に制御可能な方法で通させる（あるいは通さない）器具です。

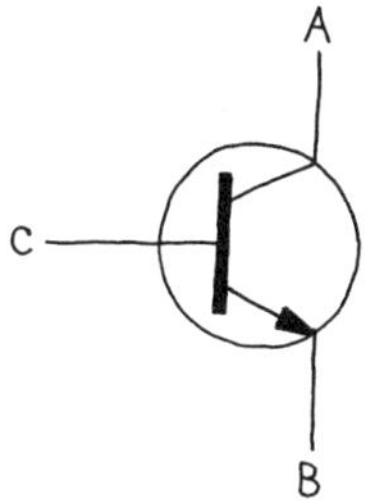

この回路図では，端子Aと端子Bの間を電流が流れますが，それは三番目の端子Cに適切な電圧がかかっているときだけのことです。そうでなければ，電流は流れません。これにより，「知的に」動く電子回路を設計してつくることができます。ちょうど例の爪のように，状況によって異なる行動をするのです。

具体的には，論理回路や記憶回路のように，たとえば押されるボタンによって，情報を保持したり操作したりする回路をつくれます。この方法で，機械式計算機は完全に電子的に設計しなおされて，雑音が消え，動く部品も(大変静かな電子以外は)皆無になりました。爪の役目は論理回路にとって代わられ，回転ドラムと表示窓は，下の図のような(今となってはどこにでもある)7セグメントLEDディスプレイにとって代わられました。

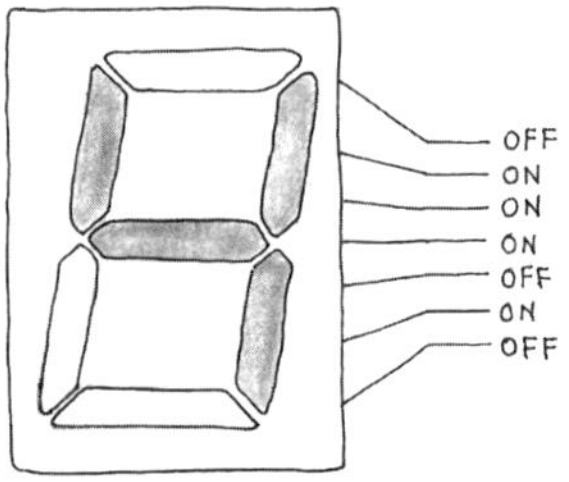

各端子が別々のLEDに電流を供給します。それぞれの数字記号は，入力電圧の各パターンに対応しています(簡単にするために，ONとOFFで表示しました)。つまり，4の数字は図で示したように，次のように表示されます。

OFF ON ON ON OFF ON OFF

この状況についてはさらにおもしろいことがあり，それはまたもう一つの数表現の例になります。まず，デジタル回路は単純な二値回路——電圧はONかOFF——なので，情報はバイナリー(二進法)で記号化されます。たとえば，十三という数は計算機のメモリーではON　ON　OFF ONというつながりになり，これは二進法表現1101に対応します。足し算などの論理回路は，すべてこの方法で設計されなくてはなりません。つまり，二進法で数を加えます。最後に，従来の保守的でがんこな人間の使い手（つまり，いつもの十進法の数字を見たがる人たち）を喜ばせるために，回路はさらなる手順を踏み，この情報を完全に異なるON/OFF列に変換してLED表示を行います。

もちろん，このすべてを正しく行うように回路全部を設計するのは大変なことですが，それこそエレクトロニクスを挑戦しがいがありおもしろいものにするのです。まるで生きているようで——たとえば，レストランの順番待ちの「番号札を示す」ようなことまで，自動的に歯車一つなしに行います。

1970年後半に私が高校生だった頃には，速く静かで安く信頼性のある小型電卓がそこかしこにあふれていました。使いやすく軽量で持ち運びしやすいこの計算機は，あっという間にそれまでの計算技術すべてをすたれさせてしまいました。今やどの台所でも，ガラクタ用引き出しに一つは入っていることでしょう。絶え間ない小型化と大量生産は，電卓を鉛筆と紙より速く便利にしただけでなく，安価で軽量にもしたのです。

最近では，最も強力な携帯用電卓でさえ事実上滅亡してしまい，ノートパソコンやスマートフォンのようなコンピューターのソフトウェアにとって代わられました。今あなたは，アルキメデスが何カ月間も砂に書いて行った計算を，あっという間に腕時計で済ませられるのです。

もちろん，これが技術の道なのです。長年の修行と経験が必須の高度な職人技として始まったものが，次第に集約され，頭を使わないで繰り返す手順の連続に変わっていき，やがて機械にやらせることになります。これによるプラスの効果は，職人が，仕事のもっとクリエイティブな面に労力を向けられるよう自由になることです。画家は，もし自分で絵の具や筆をつくる必要がなければ，もっと構成や照明効果などに取り組む時間ができるでしょう。

この機械化全般のマイナス効果は，かつての職人的アプローチでは経験から理解や知的活動が生まれたのに，そういうことなしに器具の操作を行ってしまうことでしょう。たとえば，印刷屋で成長すると，さまざまな活字面やグラフィックデザインのオプションだけでなく，活字を組んでいく手作業，手動で行う色や用紙の位置合わせ，爪の間に詰まったインクの匂いや感触にも絶えずさらされることになり，それが文化や，美的細やかさの理解を生むのです。現代の自動組版での，ポインターを移動させクリックするだけの世界では，明らかにすっかり欠けているものです。

そこで，これは結局，目的と実用性を照らし合わせて考えなくてはなりません。もし非の打ちどころがない魅力と質のある印刷物をつくりたいならば，旧世界の印刷工に弟子入りして，組版ステッキや版型を使ってください。もし会社のパーティーのチラシを印刷したいだけならば，マウスをつかんでチラシテンプレートでもクリックすればよいでしょう。

同様に，もし今日のレシートの合計を求めたり，税金処理を行うためにだけに算術を使いたいのならば，ぜひ計算機を使ってください。私も絶対そうするでしょう。誰でも，そうしたいのでない限り，さらに深いレベルで算術を理解する実用的な理由はまったくありません。ただ私自身は，ある体系や機械がなぜどのように働くのか理解しないままだと，けっして満足できないのです。好奇心が強すぎるだけです。私がペダルを踏めば車は自動的に動きます。一体全体なぜそんなふうに動くのでしょう？（私は，運転して買い物に行くよりも，分解したくなってしまうのです）。算術の場合，私は，「そこに山があるから」というように，理解が目的で理解したくなるだけではなく，数学者として，数とそのふるまいに，抽象的な数値としても記号的に表現された形においても興味があるからです。だからこそ，特定の文化的選択から自由であり，できる限り柔軟に考えられるようにしていたいのです。私は，算術を抽象的に理解して得られる視野や知的創造力も，また速く信頼性があり安くて軽い電卓の便利さも，両方手に入れたいのです。機械的で退屈なさえない仕事のためなら機械を使い，頭（つまりは別の機械）を自由にしておきましょう。人生においてもっとおもしろく想像力豊かなこと，たとえば数学のために。

13. 分数

さて，算術の実用上の問題はすっかり解決されました。事実上，今や誰もが，安価で持ち運びやすく，絶対信頼できる電子計算機を利用でき，非常に多くの人々がこのようなものをどこへ行くにも身に着けて携帯しています。表現とアバカスについての長い歴史物語の大作は完結したわけです。ですから，あなたの溝そろばんと計算珠と計数コインとそろばんも，みんな捨ててください。鉛筆と紙も引き出しにしまってください。インド・アラビア十進法位取り算術を行う必要があるのなら，ただ携帯電話を取り出してボタンをいくつか押せばよいだけです。

嘆き悲しむ理由はありません。単にこれが世の習いであるだけのこと。お宅の糸車はどこにありますか？　あなたが着ているシャツは誰が織りましたか？　織り手が誰かというと，自動化されプログラム制御できる産業用巨大織機なのです。だからといって，失ったものはたいしてありません。旧世界の方法で編んだり紡《つむ》いだりしたければ，今でもできるのです。ずっと時間が（そして，おそらく費用もだいぶ多く）かかるでしょうが，自分で毛糸や編針を買って，昔ながらのすてきな時間を楽しめばよいのです。ぜひ，おすすめします。

同様に，あなたがやりたいなら，算術を手で行えるのです。小石の集まりは未だ選択肢としてありますし，いつでも自分の溝そろばんをつくることができます（すでに持っているのでなければ）。多くの年配の日本人は今でもそろばんを使うことを好み，驚くほど速く上手に使います。もしかすると，あなたの鉛筆と紙の算術との関係は新たに深まるかもしれません――算術を，すたれたものの古風で趣のある十三世紀の民芸のようなものとして改めて見ることによって。とにかく，算術の物語，少なくとも通常の実用的視点からの物語は終わったのです。そこで，私たちは，この美しい算術のもっと概念上，理論上の面に注意を向けることができることになります。私たちのゴールは効用や実用性ではなく，知的喜びと理解です。

割り算について話していたときにぶちあたった問題へ戻りましょう。つまり，やっかいな余りをどうするかということです。たとえば，十七個のジェリービーンズを四人で分けたいとします。もちろん一人に四個ずつ分けることができ，その後一個残り物が出ました。前回は，ただ犬に与えました。ここでは，別の選択肢を見ていきましょう。

よく切れるナイフを用意して，残りのジェリービーンズを切り分けることにしたとします。注意深く，同じ大きさの四つのかけらに切り分けて，一人一かけらずつ渡せばよいのです。その結果，四人の間でジェリービーンズを完全に分けたことになり，残り物はまったく出ません。それぞれの人が受けとるのは，丸ごとのジェリービーンズ四個と（ねばつくかもしれない）一かけらです。このかけらは分数と呼べるもので，分数は英語で

fraction（「壊れた」という意味のラテン語fractusが語源）です。残り物のジェリービーンズは四等分されて（つまり，四つの等しいかけらに切り分けられて），一人ひとりが四と四分の一個のジェリービーンズをもらったといえます。つまり，場合によって，完全に分ける（必要なら分数を使う）やり方，あるいは，余りをそのまま残す古いやり方（と，もしかしたら犬）を使える選択肢があるわけです。

もちろん，この切り分ける方法は，すべての物体に等しく使えるわけではありません。たとえば，バイオリンのコレクションを分けるのであれば，かけらに切り分けることはけっしてありません。切り分けられるものもあれば，できないものもあるのです。より小さくできるかどうかは私たちの判断によるわけで——いわゆる「ごつごつ」か「さらさら」で区別するのが私の好みです。バイオリンはかなりごつごつしていて，半分に切ると，もうバイオリンではありません。同じことが犬にもいえます。いっぽう牛乳は，あなたの望むまま，いくつにでも喜んで分かれます。一ガロンの牛乳を四人で分けるのであれば，一人ずつ四分の一ガロン（短く言うと一クォート）もらえることになります。もっと人が増えたら，パイント，カップ，大さじ，最終的には滴に分ければよいでしょう。それでも，牛乳は文句を言ったり，牛乳であることをやめたりしないのです。牛乳はさらさらで，ほかのすべての液体も同様です。

要するに，物を分けるとき，それが，ごつごつなのか，さらさらなのか知ることが大事です。その物は，個別の分けられない単位になっているものでしょうか？　あるいは，自由にいくらでも細かく分けることのできるものでしょうか？

もちろん現実では，この判断がけっこう微妙なときもあります。現実の性質に関しては哲学でも科学でも長い議論の歴史があります。物質はさらさらなのでしょうか？　それともごつごつの塊なのでしょうか？（原子を意味する英語のatomという言葉は，実のところ，ギリシャ語の「分けられない」という言葉が語源です。）また，時間や空間はどうでしょう？　本当のところ，ある現実の物体をどの程度切り分けることができるのか，それはまだよくわかっていません。化学者は，金の原子も金だというかもしれませんが，いったんそれを構成する亜原子粒子に分かれてしまえば，もう金ではありません。そういう意味では，金はごつごつしています。いっぽう，（莫大な数の個々の原子で構成されている）一オンスの金塊は，あらゆる実用目的上，完璧にさらさらのものです。ですから，これは作業をしている状況によりけりなのです。ごつごつなのか，さらさらなのかは，あなたがどのように取り扱うつもりかによって決まります。つまり，そのものを分数のかけらに切り刻んでもよいと思うかどうかです。

あなたがごつごつだと思うものと，
さらさらだと思うもののリストをつくってください。

両方にあてはめられるものは何でしょうか？

要するに，個別の物体を細分化してもよいと思うのなら，いつでも完全に分け，不快な余りを避けることができるのです。そのような状況を想像してみましょう。私たちは古代エジプトのヤギ飼いで，ヤギの乳を分けていると想像してください。たとえば，𓎉𓏼個の壺に入っている乳を四人で分ける状況を考えてみましょう。

当然，各自が𓎆個の壺をもらえ，その後𓎆𓏼個が残ります。それから，一人𓏼個ずつ取り，残りの一個をみんなで分けることができます。つまり，一人ずつ，追加として一個の四分の一を受けとることになります。これは𓂋𓏽と記され，豆の形の記号が「(～分の)一」を示しています。同様に，半分は𓂋𓏻と表現されます(半分や三分の二のような非常によく使われる分数には，特別な略字もありました)。

次に,乳の入った壺二十七個(つまり𓎇𓐀)があるとします。四人に六個ずつ配った後，三個の壺が残ってしまいます。三つの物を四人でどう分けるのでしょう？

エジプトの方法は，単に乳を分配し続けるもので，いくつの十や一なら足りるかと考えるかわりに，小分け単位に切り替えて，いくつの半分なら足りるのか，いくつの三分の一なら，いくつの四分の一なら足りるのか,などのように考えていきます。

では，四人で三個の壺の乳を分けましょう。当然，まるまる壺一個分を各自に配れるだけの乳はありません。壺半分ずつならどうでしょうか？　四人のヤギ飼いそれぞれに，半分ずつ分け与えると，合わせて壺二個分を配り，壺一個分が残ることになります。それから，先ほどのように，その一個分を四個の四分の一に分ければよいのです。つまり，各自，まるまる壺六個分と，壺の半分，それから壺四分の一の乳をもらえます。これは次のように記されます。

この方法で，どのような量も――まるまるでも一部でも――記号で表現することができます。

十七個の壺に入った乳を六人のヤギ飼いで分ける必要があると，どうなりますか？

エジプトの記録係たちは，このような部分的数量を記すことにかなり熟練していて，修行中の見習い記録係が練習問題に使った（と思われる）パピルスの巻物がたくさん発見されています。

二分の一，三分の一，四分の一の和は，
まるまる一つよりも，どれだけ大きくなりますか？

このように分数の数量を扱う方法——どんどん細かく分けていく，つまり等分し続けていく方法——は，ほかの表現方法同様に，利点も難点もあります。とはいえ，明確で統一されている体系です。

このような数表現を見たとき，私は数の新情報を重要性の順に得ています。(数えているものが何であれ)まるまる一つを三十七個，それに加えて三分の一と八分の一と，(気になるならば)それに加えてほんのわずかである十一分の一。この表記法について，あいまいで紛らわしいことは何もありません。

しかしながら，ちょっと長くてぎごちない感じがします。たいへん細かく小分けにすると(たとえば，千分の一のように細かくすると)，書く表現も話す表現も少々扱いにくくなります。

いくぶん異なるやり方は，数量をいっぺんに小分けにしてしまい，非常に細かいかけらをたくさんそれぞれに配ることです。たとえば，二十七個の壺に入ったヤギの乳を四人で分けると，一人六個ずつ壺を受けとって三個残ります。その後，先ほどのように壺半分，それから壺四分の一にと切り替えて分けていくかわりに，一気に壺の四分の一に小分けして，それを三つずつ配るのです。そうすると，私たちはそれぞれ満杯の壺六個と，壺の四分の一を三つ受けとることになります。

エジプト式表記法を少々改良し，現代のインド・アラビア数字を使うと，このような数量を次のように無駄なく書くことができます。

$6\frac{3}{4}$　　「六と四分の三」

先ほどの豆は横棒（あるいは，ときに斜線で3/4）になり，その下の4は単位となるものを四分の一ずつに切り分けたことを示しています。横棒の上のスペースを利用して，切り分けられたかけらがいくつほしいのかを示します。ここでは三つ。

**を現代の表記法で書くとどうなりますか？**

**はどうでしょう？**

古代エジプト人は$\frac{7}{8}$をどのように書いたでしょうか？

この表記法によって，すべての分数数量をコンパクトで便利な同じ形式で表現できるようになりました。たとえば，$\frac{15}{32}$という表現は，その単位量が三十二等分され，そのうち十五個分であることを示しています。原則的に，下の数（横棒の下）はそのかけらが何であるか（つまり，まるまる一つを何等分したものか）を示し，上の数はそのうちいくつについて私たちが話しているのかを示します。下の数は分母，英語ではdenominator（ラテン語の「名付ける人」）と呼ばれ，上の数は分子，英語ではnumerator（ラテン語の「数える人」）です。この二つの数は異なる役目をもち，私たちはそれを意識する必要があるでしょう。

前に，掛け算について話していたときに，3×5は5×3とまったく同じ意味ではないことを説明しました。一つ目の数は，二つ目の数のセット数を数えているからです。幸い，意味は違っても，結果的な数量は同じになること，つまり掛け算の対称性を発見しました。

分数では，こんなに都合のよいことは起こりません。$\frac{3}{5}$という数は$\frac{5}{3}$とはまったく違い，それは外見だけではありません。まず，一つ目のほうは確実に1より少なく（つまり，まるまる一つよりも小さい），それは，私たちが単位量を五つの等しい部分（五分の一）に切り分け，そのうち三つだけ得たからです。いっぽう二つ目のほうは，三分の一を三つより多く集めているので，まるまる一つよりも多いことになります。

ついでに言っておくと，$\frac{5}{3}$のように表記することは，完全に意味があり，絶対に間違いではありません。実際，これから見ていくように，こうすることには明確な利点があるのです。もちろん，$1\frac{2}{3}$とすることもでき，おそらく比較する目的では，まるまる一つがいくつあるのか示すほうを好まれるでしょう。

この二つの表現は，五を三で割るということに対する，やや異なる二つの考え方が生み出した結果です。まずそれぞれに一個ずつ配り，それから残り物二個を切り分ける（$1\frac{2}{3}$）か，それとも，どれも三等分して，その五個ずつを配るか（$\frac{5}{3}$）。

$\frac{17}{3}$と$\frac{11}{2}$のどちらのほうが大きいですか？

ここで理解すべき重要なことは，私たちはただ数えているのだということです。もし七という数があれば，それは何か私が一と呼ぶと決めているもの七個という意味で，物事の単位と考えるものなら何でもその一になります。ですから，七は，七頭の牛かもしれませんし，七個のレモンかもしれませんし，あるいは掛け算における七個の六，七個の百かもしれません。同じように，$\frac{7}{8}$という数も七個の何か——その何かは，八分の一なのです。

ちょうど七頭の牛と五頭の牛の合計が十二頭の牛になるように，同じことがレモンにも，六にも，百にも，そして八分の一にも当てはまります。ですから，$\frac{7}{8}+\frac{5}{8}=\frac{12}{8}$。算術の技はたいてい，単にその単位を創造的に選ぶことに帰着するといえるでしょう。

とりわけ，分数とグループ化は非常に緊密につながっています。八分の七に八分の五を加えると八分の十二になると私たちが言うとき，私たちは実際のところ単に七と五を足しています。さらに，八分の十二が，まるまる一つと残り物八分の一の四個ぶんと同じだという考え方は，ちょうど，八でグループ化を行う八進法部族の方法みたいです。どちらも，一グループとしてまとまった八と，残り物四つとして見ることを選んでいるのです。八個の一が一グループになるのと同じように，八個の八分の一がまるまる一になるのです。

このような計算をするとき，石の集まりを想像しても役立ちますが，石半分や四分の一などのかけらを思いうかべることになります。もしくは，もっとなじみのある方法として，アメリカの貨幣のように，分数の計数コインを導入することもできるでしょう。たとえば，quarter（四分の一）と呼ばれる二十五セント硬貨は一ドルの四分の一です。ちょうど私たちが十個の一を一個の十に両替えし慣れているように，四つの四分の一をまるまる一に両替することも想像できるでしょう。

一ダースの卵は，一（ダース）であると同時に十二（の個別の卵）でもあり，それをどのように考えるかは，まったくあなた次第です。一ドルの半分を，二十五セント硬貨二枚と考えるか，十セント硬貨五枚，あるいはただ五十セントと考えるのか，どうぞお好きなようにしてください。どの数量も，あなたが使いたい表現次第で，無限に可能な名前があるのです。

現代の表記法（分子と分母を使う方法）では，同じ数をいくつもの方法で書くことができます。たとえば，半分は次のように書けます。

$$\frac{1}{2}=\frac{2}{4}=\frac{3}{6}=\frac{4}{8}=\frac{5}{10}=\frac{6}{12}=\cdots\cdots$$

これらの異なる記号表現が示しているのはどれも，まったく同じ数量で，私たちが単位としている何かの半分なのです。もしそれがびんに入ったヤギの乳であるとしたら，これはびんに半分だけ入っている（あるいは，減ったということを意識したいなら，半分空っぽ）ということを言っています。

ここでは,この量を異なる測定単位ではかっているだけです。半分ずつの目盛りがついたびんではかれば，はっきり1です。四分の一ずつの目盛りのびんなら2。六分の一ずつの目盛りでは3。同じ量で，グループサイズが異なっているのです。

もしそうしたいのであれば，三分の一の目盛りではかることもでき，その目盛りの一と半分であると言えばよいでしょう。どうしてもなら,このように書くのも完全に理屈に合うのです。

$$\frac{1}{2}=\frac{1^{1}/_{2}}{3}$$

こうしたくなることは少々想像しがたいですが,人それぞれ。三分の一が大好きな方もいるかもしれません。

半分は，7分の1を単位に使うとどう書けるでしょうか？

本当のことを言うと，物を七等分や八等分やそのほかの風変わりな数に切り分けることは，あまりありません。半分ずつ，三分の一ずつ，四分の一ずつはかなりしょっちゅうあるでしょう。特に縫物やお菓子づくりでは。けれども，砂糖を$2\frac{3}{5}$カップ必要だというレシピを私は一度も見たことがありません。

イギリスの古い帝国単位は繰り返し半分にすることを使う傾向があり，半分，四分の一，八分の一，十六分の一といった表現の分数につながりました。同じことが音楽でも行われ，拍子(リズムの単位)を小分けにすることから，二分音符，四分音符などが生まれました。十一分音符などを使って楽譜を書くのは，最も前衛的な二十世紀の音楽家たちだけです。

すでに説明したように，このようにごちゃごちゃした単位をきれいに消し去り，どれも同等の立場である十のグループにして(今や世界中で使われている)インド･アラビア体系のグループサイズに適応させるために，メートル法が導入されました。この方法では，分数の量ではかる場合，十分の一，百分の一，千分の一などを使うことになります。まるまる一つのものと部分的なものの境は，小数点が示します。

たとえば，三と二分の一の小数表現は3.5になり，二分の一は十分の五として，はかられています。私たちにはすでに分数量を記録し計算する方法があり，ここでは，その方法で十のグループサイズを使う表現形式にしただけです。もちろん，あなたが科学者であったり，アメリカ以外に住んでいるのならば，すでにすべての計測はこの便利な方法で表現されているので，変換したり考えなおす必要はありません。

とはいえ，あなたはある物体の一グラムの標本を持っていて，それを八本の試験管に分け入れる必要があるかもしれません。あるいは，五メートルの布を買って，四枚の同じカーテンに切り分けたいかもしれません。一グラムの八分の一や，一と四分の一メートルを，小数形式ではどう表すのでしょうか？　八分の一は，どれだけ押しつぶしても十分の一ではありません。八が十ではないように。

分数についての一つの考え方は，割り算プロセスから生まれたものだと見るのではなく，割り算そのものだと見ることです。つまり，八分の一という数は，文字通り一割る八であるとみなすことができます。結局のところ，私たちの単位を八等分に切り分けているのです。つまり，1の数を8の数で割ることで，$\frac{1}{8}$を小数で表せることになります。ここで知恵を使い，1をもっと大きい数，たとえば1000に置き換えて，後から位をずらす手もあります。つまり，1を千個のもの（つまり，千個の千分の一）であると考えるのです。

1000割る8は125になり，（ありがたいことに）余りはありません（自分でやってみてください！）。つまり，八分の一を125/1000，小数の形なら0.125として考えることもできるという意味です。言い方を変えると，八分の一は，十分の一と百分の二と，さらに非常に小さい千分の五を加えたものと同じなのです。ですから，八分の一という数を取り扱うはめになったらいつでも，かわりに小数表現の0.125を使うことができるのです。もしそのほうが便利ならば。

$\frac{3}{8}$と$\frac{5}{8}$を小数で表現するとどうなりますか？

同じように，四分の一は0.25，四分の三は0.75と書くことができます。もしあなたが，（ジェーン・オースティンやチャールズ・ディケンズと違い）現在のアメリカのような合理的な貨幣制度の場所に住んでいるならばおそらくご存知のことでしょう。

分数の数量が小数の形で通常表現される，よく知られた例は，野球の打率記録です。その選手の安打数を数え，打席数から，犠打，犠飛，四死球を除いた打数と比べて算出します。たとえば，テッド・ウィリアムズはあるシーズンに七十七打数あり，二十九回安打（実際一塁に進める打球）を打ちましたので，打率は29/77の割合になります。選手たちの記録をお互いに比較する（あるいは彼ら自身の過去の記録と比較する）ためには，このような割合をどれも同じ形式，つまり小数を使って表現すると便利です。伝統的には，一番近い千分の一の近似値にして（つまり，四捨五入などで「丸めて」）使われています。ですから，上記の打率は29を77で割ることで算出することができます。

$$
\begin{array}{rr}
 & \underline{376} \\
77 & 29000 \\
 & \underline{231} \\
 & 590 \\
 & \underline{539} \\
 & 510 \\
 & \underline{462} \\
 & 48
\end{array}
$$

余りの48は77の半分より多いのですから，これはたいてい0.377と丸めることになります。「この選手のシーズン打率は三割七分七厘だ」と野球ファンは言うでしょう（ところで，これは見事な打率です）。

もう一つよく使われるのはパーセンテージです。これは，分数を百分の一を使って表す考え方で，与えられた割合を百あたりいくつなのか（ラテン語の「百あたり」per centum，つまりパーセント）ではかります。すなわち，$\frac{1}{4}$という分数は，25パーセントと表現することができ，これは25/100を意味しています。もちろん，これは 0.25が少々違う服を着せられているだけのことです。

ところで，この表記についておもしろい歴史があります。中世の記録係たちが「and」を意味するラテン語「et」を五秒ごとに書かなくてはならず，うんざりして，「＆」の記号を使って略しはじめたように，「per 100（百ごとに）」の表記も次第に省略されて，「%」の記号に縮まっていきました。それで，25/100という数，つまり二十五パーセントは25%になったのです。本質的には，パーセント記号は単に百分の一を省略して書いたものです。

ここでやっていることはすべて，（ありとあらゆる分母をもつ）さまざまな分数を，十をグループサイズにする文化へ適合させることなので，ちょうどメートル法のようなものです。やる必要があるのは，割り算を行い，残り物がどうでもよいほど小さくなったら無視することだけです。

もちろん，もしあなたが取り扱いたい分数の分母が，すでに十や百だったら，何も変換する必要はありません。たとえば，0.01はすでに百分の一という意味です。ですから，$\frac{37}{100}$（つまり37%）という数は，必要に応じて，小数の0.37，すなわち37の位を右へ二桁ずらした形に変換すればよい，ということになります。

けれども，十は完全に恣意的なグループサイズで，どの分数とも相性がよいわけではありません。たとえば，$\frac{2}{3}$という数を小数で表すために2000を3で割ると，このおもしろい現象にでくわします。

$$
\begin{array}{cccc}
 & 6 & 6 & 6 \\ \hline
2 & 0 & 0 & 0 \\
1 & 8 & & \\ \cline{1-2}
 & 2 & 0 & \\
 & 1 & 8 & \\ \cline{2-3}
 & & 2 & 0 \\
 & & 1 & 8 \\ \cline{3-4}
\end{array}
$$

六を三個ずつ配るたびに（どの位でも），二の余りが出て，無限の繰り返しになってしまいます。これはやっかいながらも，実におもしろいことです。$\frac{2}{3}$は十分の一や百分の一や千分の一にとっては，めんどうな数で，どこまで続けても必ず余りが残るのです。

ここで私たちが見ているように，三と十は単に相性がよくありません。三分の一は，十分の一による表現に，うまく対応してくれません。同じように，もし三でグループ化したくなって，位取り体系全体を三のグループサイズでつくりあげると，十分の一は全然協力してくれません。

ですから，どの分数の量もまったく正確に小数形式にできるわけではないのです。無限に長い表現をさせない限りは。たとえば，$\frac{2}{3}$の数を0.666…（六が無限に続きます）と表すことはできます。これは原理的にはおもしろい考えですが，どう考えても実用的ではありません（インド更紗をあと六ナノメートルほしいと言って電子顕微鏡を取り出したら，にこにこしていた親切な生地屋さんも顔色を変えることでしょう）。

もちろん，現実の世界では，そこまで正確に何かをはかろうとする人は誰もいないでしょう。はかれないという単純な理由からです。もしくは,そんなことをしても意味がないからです。大工職人はどこまで厳密な測定値が必要でしょうか？　木材は夏になると膨張し，雨が降ると水を吸います。それから，木材一枚が数百分の一インチ長すぎれば，やすりをかけることでしょう。そのために紙やすりやタイル貼りの漆喰があるわけです。大工仕事，縫製，お菓子づくりなどで非常に厳密にはかることはばかげていて，推定や近似値で行う大まかなやり方のほうがずっと価値があります。

これは，許容誤差がある程度もっと厳密になるものの，科学者やエンジニアでも同じです。大工や縫製職人があちこち平気でミリメートルを無視できるのに対して，原子物理学者はさらに小数点以下七位か八位ほどの厳密な計測を必要とするかもしれません。それでも，ミリメートルの十億分の一のそのまた十億分の一になってくると，ただもう，そこまで厳密な計測を行う器具が私たちにはありません。

さらに，私たちの計測の厳密さには物理的宇宙そのものに起因する原理的困難があるようです。厳密な測定が不必要で非実用的なだけでなく，それはまた（物理的現実の明確な性質によって）不可能なのです。私の鼻の高さは，厳密にはかると，どれだけあるのでしょうか？　厳密には，鼻はどこで終わって，空気はどこで始まるのでしょう？　実のところ，空気の分子と鼻の分子は，場所を交換し合って常に揺れ続けています。鼻は単なる統計的なもので，正確な長さがないのです。そして，この宇宙では何もかもがそうなのです。

もちろん，ほかの宇宙もあります。厳密な測定の完璧な世界を想像して，それでどうなるのか考えることもできます。もっとも，これは純粋に哲学的探求であり，実用的な目的のためにやりたくなるものではないでしょう。けれども，知的な喜びや娯楽を経験できるかもしれません。また，私たちの住む世界はあいまいで無作為で厳密でないという事実がありながらも，ほぼ正確に近いことがよくあるところです。完璧な数学的世界（必ず架空ですが）は，真実についての新たな視野や，数とその抽象的な性質について，新たな理解や評価を私たちに与えてくれるかもしれません。

言うまでもなく，そのような場所は，ずっと単純で簡潔でしょう。この，私が「数学的真実」と呼びたい場所こそ，私やほとんどの数学者が実際に時間の大半を過ごす場所なのです。

とにかく，もしそのような真実を受け入れると，どうなるのか考えてみましょう。たとえば，$\frac{2}{3}$は正確な数量で，明らかに0.6666やほかの近似値とは等しくありません。三分の二は，厳密にそれが示すもので，三分の一と呼ばれるものが二つ。そして，三分の一も単にそのとおりで，三ついっしょにすると一という数になるものです。

けれども，何が一個なのでしょう？　この純粋に数学的な世界で,私たちは何を数えて測定しているのでしょう？　これは，数学の単純性と抽象的美しさの最初のすばらしい一例です。私たちは牛やレモンについてまったく話していません。「一」と言うときに，実際の現実世界の物体を意味するのではなく，抽象的な一，つまり一である情報をもっている想像上の存在を意味しているのです（なんだかニューエイジ運動の伝道師のようでしょうか？）。

そういうわけで，いつもの数えるための数，すなわち「自然数」の一，二，三などとともに，今私たちは，二分の一，三分の二，十一分の五十七などのような大量の新たな数を手にしました。そして，それぞれの意味することを厳密に知っていて，そのための完璧な表現体系をもっています。それは，$\frac{1}{2}$，$\frac{2}{3}$，$\frac{57}{11}$のような，分子と分母による言語です。これには認識問題がなく，ぱっと見ただけで意味が正確にわかります。$\frac{57}{11}$の表記は，一が十一に等分され，その五十七個を得た数であることを正確に示しています。

このように新しい数について話せるようになり，たくさんの新しい算術問題を得ることになりました。知恵と想像力を使う新しい機会です。まず一番にぶつかる問題は，このような数量をどうやって比較するのかということでしょう。

もちろん，比べたい二つの分数がたまたま同じ分母であれば簡単です。$\frac{9}{11}$は$\frac{7}{11}$より大きいです。両方とも十一分の一を数えていて，九は七より大きいのですから。

同じように，もし二つの数が同じ分子をもっている場合も，比較は簡単です。この二つの分数は，あるかけらを同じ個数もっていますが，そのかけらは同じ大きさではありません。たとえば，$\frac{4}{5}$が$\frac{4}{7}$より大きいことは簡単にわかります。五分の一が七分の一より大きいからです。物をより多くのかけらに切り分けると，必ずより小さくなります。

$\frac{3}{7}$と$\frac{2}{5}$では，どちらが大きいでしょうか？

この問題が難しいのは，異なる大きさのかけらを使っているためです。一つの数は七分の一を，もう一つは五分の一を数えているので，リンゴとオレンジを比べているようなものです。

実のところ，これは私たちがすでに知っている類の問題です。掛け算で同じことが起きたのを覚えているかもしれませんね。5×8と6×7を比較するときの問題は，片方の数が八のグループであるのに，もう一つは七が何個もあるものだったためでした。そこで，どうしたでしょうか？　比較しやすくするために整理しなおした，つまり算術を行いました。

もっと正確に言うと，両方の表現を同じグループサイズに変換しました。五個の八を七のグループに整理しなおすか，六個の七を八の集まりに整理しなおすことができました。あるいは，もしこちらを好むのなら，両方の量を何か第三の便利なグループサイズ（たいてい十）に変換することもできました。重要なのは，何が起きているのか，より簡単に理解できるように共通の言語を得ることなのです。

同じことが分数にも当てはまります。ある意味，$\frac{3}{7}$のような数は本当のところ掛け算です。三セットのグループがあり，そのグループサイズは七分の一。つまり，私たちの片方の数は七分の一でグループ化され，もう一つは五分の一でグループ化されているため，比較するには，両方でうまくいく共通のグループサイズが必要です。両方の数量を簡単に正確に表現させてくれる一つのグループサイズです。

たとえば，十分の一はここではおすすめできません。$\frac{2}{5}$の数のほうは従順に従ってくれ，十分の一できれいに表現（十分の一が四つ）できるのですが，$\frac{3}{7}$は喜んでくれません。もちろん，小数表現を使い，おおよそのものにして比較することはできます。

$$\frac{2}{5} = 0.400\cdots$$
$$\frac{3}{7} = 0.428\cdots$$

確かに，これによって$\frac{3}{7}$が$\frac{2}{5}$よりわずかに大きいことがわかりますが，この近似値を出すには少々骨が折れます（計算機の使用をおすすめします）。また，なんだか見栄えが悪くて専門的すぎる感じもします。

そして，このやり方には微妙な問題があります。もし二つの分数が非常に近いながらも等しくない場合は，どうなるのでしょう？　両方の小数表現は，小数点以下の最初のいくつかの位が同じになり，同じでない位が現れるまで割り続けなくてはなりません。そうして初めて，どちらが大きいのかわかるのです。さらにまずいのは，二つの分数がまったく等しいはずなのに，異なる表現方法であるために簡単にわからない場合（たとえば，$\frac{91}{117}$と$\frac{273}{351}$）です。ずっと割り続け，必ず一致する小数点以下の位を算出し，どこまでもこの作業を続けることになります。そして，どちらかの数がもう一つより大きいのかどうか決して知ることができず――その事実を明らかにする桁はもうすぐに違いないと望みながら，続けるはめになるのです。これは，やっかいで時間を無駄にする方法です。

もっとよいのは通分すること，つまり「公分母」を見つけることでしょう。公分母とは，この場合五分の一とも七分の一とも同時に相互性があるグループサイズのことです。それなら，どちらの数も同じ言語で表現できます。つまり，比較しやすく単純明快にするために，二つの分数の分母を共通にするわけです。

先ほど，どの分数も，無限に多くの方法で分子と分母による表現が可能であることを見ました。つまり，$\frac{1}{3}$という数は$\frac{2}{6}$と同じで，これはまた$\frac{3}{9}$と等しいのです。一つの単位を小分けにしたかけらは何でも，お望みであれば，必ずさらに小分けにできるからです。

ちょうど普通に数えるときも，もし私が卵をパックで数え，あなたが卵一つひとつの個数を数えているとしたら，単位が違うのですから，同じ卵を数えていても私たちの数は違ってくるでしょう。同様に，もし私が三分の一を数え，あなたが六分の一を数えていたら，あなたは私の倍の個数のかけらを数えることでしょう。単に，私の数えるかけら一つが，あなたのかけら二つに相当するからです。

要するに，もしあなたの単位が私の単位よりも小さければ，私と同じ数量を数えるために，あなたはより多くの単位が必要になるのです。私の単位があなたの単位の五倍の大きさであれば，あなたは私が必要とする個数の五倍の個数を必要とすることになります。理屈がわかりますか？

分子と分母を同じ倍率で拡大した分数，つまり両方に同じ数量を掛けた分数は，元の分数と同じだというのが，ここでのパターンです。たとえば，$\frac{2}{3}$は$\frac{8}{12}$とも書くことができます。分子と分母の両方を四の倍率で掛ける（拡大する）わけです。つまり，三分の一ではかり，それが二つあると数えるのでなく，その単位一つを四つに切り分けて十二分の一にしました。その結果，かけらを前の四倍，つまり八つ必要になったのです。

このように，その数自体を変えずに，分数の分子と分母の両方を同じ倍率で「拡大する」ことが自由にできるのです。これにより，分母の選択肢がたくさん増えました。ちょうどグループサイズを自由に変えることができるように（よく考えみると，実はこれこそ今やっていることです）。

$\frac{49}{21}$はもっと小さい分子と分母で書けるでしょうか？

拡大するといえば，数を拡大する（あるいは縮小する）「数拡大機」を想像して，$\frac{3}{7}$のような分数を考えることもできます。ちょうどコピー機が印字図形を拡大縮小するような感じです。数の大きさを二倍，三倍にするようこの拡大機を設定でき，また，一定の率で縮小することもできます。$\frac{3}{7}$は，1の数を7で縮小し（すなわち七分の一の大きさにして），それを3で拡大した（つまり三倍にした）と考えられます。

便利なことに，このプロセスは，どの順番で行っても関係ありません。まず二倍に拡大し，その後三倍に拡大すると，うまいこと拡大されて六倍になりますし，最初に三倍にして，それから二倍にしても同じになります。同じように，1を最初に三倍して（3にして），それから7で縮小しても，$\frac{3}{7}$になります。3個の一を7で割ったものが，元の七分の一である「縮小された一」3個と同じだからです。前にやった，一セント硬貨や十セント硬貨に十を掛けて，一セント硬貨が十セント硬貨に，十セント硬貨が一ドル札になることを想像したのと同じです。

要するに，いつでも好きなときに，ある分数を，そのかけらのサイズ（分母）とそのかけらの数（分子）を両方拡大（あるいは縮小）することで，名前を変えたりグループを変えたりできるのです。

では，これがどう，二つの分数を比べるのに役立つのでしょう？　拡大縮小を使って両方の数を書きなおし，同じ分母をもつようにすることが考えられます。そうすれば，両方とも同じサイズのかけらを数えるものになり，分子が状況を語ってくれるでしょう。たとえば，前出のように，$\frac{3}{7}$と$\frac{2}{5}$は直接比べるのが大変です。分母が7と5で異なるからです。この分数のほかの名前をいくつか挙げてみましょう。

$$\frac{3}{7}=\frac{6}{14}=\frac{9}{21}=\frac{12}{28}=\frac{15}{35}$$

$$\frac{2}{5}=\frac{4}{10}=\frac{6}{15}=\frac{8}{20}=\frac{10}{25}=\frac{12}{35}=\frac{14}{35}$$

見つけました！　二つの数のいくつもの表現の中に，35という共通の分母をもつものを発見できたのです。つまり，$\frac{3}{7}$と$\frac{2}{5}$は，おとなしそうな顔の下に，それぞれ$\frac{15}{35}$と$\frac{14}{35}$という「秘密の姿」を隠しもっているのです。

これで，この二つを比べることは非常に簡単になり，$\frac{3}{7}$は$\frac{2}{5}$より少々大きいとわかりました。それに，どれだけより大きいのかも簡単にわかります。$\frac{1}{35}$だけ大きいのです。このように，通分するのは最もよい方法です。何も変えず，わざわざ近似値も出さず，見てわかるようになるまで，ただ書きなおして分母をそろえればよいだけなのです。

もちろん，そもそも公分母を見つける最善の方法は何かという問題が生まれます。先ほどは試行錯誤で，ただぴったり合うものが見つかるまで書き連ねていきました。かなり時間がかかりめんどうです。もっとずっと簡単な（そして明らかに賢い）方法があるのです。

さっきは7と5の分母からはじめて，最後に35の公分母を使うことになりました。35はたまたま7と5の積でした。でも，これは偶然ではありません。実のところ，通分する最も簡単な方法は，各分数をもう一つの分数の分母で拡大するだけのことです。つまり，$\frac{3}{7}$の分子と分母を5で拡大し，$\frac{2}{5}$の上と下両方も7で拡大します。両方の新しい分母は，ともに古い両方の分母の積に等しく，確実に同じです。どちらの数も単にもう片方を見て，拡大倍率を選びました。

もっと試してみましょう。$\frac{3}{8}$と$\frac{2}{5}$のどちらが大きいのか知りたいことにします（$\frac{2}{5}$が$\frac{3}{7}$より小さいのはわかったばかりですが，$\frac{3}{8}$も$\frac{3}{7}$よりわずかに小さいので，はっきりわかりません）。では，新しい方法を使ってみましょう。$\frac{3}{8}$を5で，$\frac{2}{5}$を8で拡大縮小しなおすと，次のようになります。

$$\frac{3}{8}=\frac{15}{40} \quad と \quad \frac{2}{5}=\frac{16}{40}$$

これなら簡単に，$\frac{2}{5}$のほうが大きいとわかります。そのうえ，差がぴったり$\frac{1}{40}$であるとわかる無料のおまけつきなのですから，実に役立ちます。

足し算，引き算，比較といった目的があるとき，同じ分母だと作業がずっと簡単になります。すべての数量が同じ単位ではかられ，すべてのかけらが同じ名前をもっているからです。たとえば，二つの数の和，$\frac{3}{8}+\frac{2}{5}$は次のような形に書きなおされていると，とても簡単に計算できます。

$$\frac{15}{40}+\frac{16}{40}=\frac{31}{40}$$

合計がほんのわずか(つまり$\frac{1}{40}$)だけ$\frac{3}{4}$より大きいことがわかりました。

$\frac{1}{2}+\frac{1}{3}+\frac{1}{5}$は1より大きいですか？

前にも書いたように，現実世界ではこのような計算をどうしても行う理由などありません。標準的な十桁小型電卓を使って，ただ機械に必要な割り算などを計算させれば，実用目的に適切である以上の精密な近似値を得ることができます。もし何らかの理由で(そのような状況を想像するのはちょっと難しいのですが)，$\frac{2}{7}+\frac{5}{8}$を計算して1以下になるかどうか確認する必要が生まれても，やはり，手元の携帯電話やスマートウォッチをつかみ，2÷7＋5÷8＝と打ちこんで，0.910714285と出すだけで，あなたの問題は解決です。

おっと，それで思い出しました。計算機や数学の教科書の表紙によく登場する割り算の記号（÷）について話し忘れていました。もちろん，分数の横棒に数がどこにいくのか示す点がついているだけのものです。それで，12÷3＝4などのように書くわけです。

さて，分数の算術は，実用的に考えられているものではありません。むしろ，数や数の行動パターンについて考えるものです。あなたが興味をもてないことなら，ここでおしまいにして，今すぐこの本を閉じることもできます。けれども，抽象的で実用的でなくても，素敵でおもしろいものを見たければ，ぜひ読み続けてください！

$\frac{2}{7}$と$\frac{5}{8}$の正確な和は何ですか？
それと1との差はどれだけあるでしょう？

通分して，分数の足し算，引き算，比較を分子だけで行えるようになりました。つまり，単純に丸ごとの数である整数による数え方に戻ったというわけです。

けれども，掛け算や割り算はどうでしょう？　$3\frac{1}{4}$の$2\frac{1}{2}$セットは？　$\frac{3}{8}$を$\frac{4}{5}$で割るといくつになりますか？　そもそもこのような問題は意味があるのでしょうか？　誰が$17\frac{1}{2}$個のジェリービーンズを$4\frac{1}{2}$人で分ける必要があるのでしょう？

これらの問いを掘り下げる前に，私たちが議論してきたさまざまな表現の選択肢について，それぞれの利点と難点も伴わせて，いくつか指摘しておきたく思います。これはほとんど美的問題ばかりですから，私の個人的好みと意見を言わせてもらうだけになるでしょう（私はそうすることにやぶさかではありません）。

ある分数があると想定します。仮に二と四分の一としておきましょう。いくつもの選択肢の中に（しばらくはエジプト式やバナナ部族のことは忘れましょう），標準的なインド・アラビア表現があります。

$$2\frac{1}{4},\ 2.25,\ \frac{9}{4}$$

一つ目の表記は，料理の本や大工仕事の説明書でよく見かけます。利点は，比較情報（二よりわずかに大きいこと）が明確で，自然物理的単位（たとえば，定規や計量カップ）を使っているときや，まず最初に単位丸ごとのぶんをどけてしまいたいときに，よい選択です。

二つ目の表記は，非常に精度の高い近似値を取り扱い，比較のために標準的尺度がほしい科学者やエンジニアに好まれます。メートル法などもこれに当たります。

三つ目の選択肢は，$\frac{9}{4}$と，頭でっかちで実用的ではないため，あなたは笑ってばかにしてしまうかもしれません。そもそも，これではどのくらい大きいのかも一見してわかりません。たとえば，二より大きいのかどうか確かめるには，いくらか整理しなおす（つまり算術する）ことが必要です。

そうでありながらも，私が数学的（つまり，純粋に理論的）目的に使おうと思えるのは，この形式だけなのです。すべての情報が小型におさまっています。九個の何か（つまり四分の一）であることが簡単にわかり，結果としてずっと単純に操作できるのです。そのうえ，これが真の利点なのですが，すべての数を同じ言語的カテゴリー内に置き，丸ごとのものと部分のものとを区別しないのです。こういうことなので，こっけいに見えるかもしれませんが，私は，六を$\frac{6}{1}$と書きたくなるときすらあるのです。

この三つの形式では，八と三分の一をどのように書くでしょうか？

私のおすすめ（むしろ好み）は，縫物をしたりクッキーを焼いたりするのなら丸ごとと部分（たとえば$2\frac{1}{4}$）を使い，実験室では小数の形（2.250），数や数の性質を探求するときは純粋な比（$\frac{9}{4}$）を使うことです。もしくは，お好きなときにお好きなものを使ったらよいでしょう（いずれにせよ，これが私の本当のおすすめになります）。

分数について考えることがおもしろく楽しいながらも，混乱がありえるのは，可能な解釈がいくつもあるからでしょう。$\frac{2}{3}$の数は，測定値（対象単位を三等分したうちの二つ），割り算（ジェリービーンズ二個を三人で分けた結果），比（二つの数量が二対三の割合であるという情報を意味しているもの），拡大縮小（2で拡大し，3で縮小）としてみなすことができ，また，最も抽象的に，単なる「三を掛けると二になる存在」ともみなすことができるのです。どの視点も，それぞれのイメージや意味をもち，それは異なる状況で役立ちます。

たとえば，掛け算と割り算の場合，私は拡大縮小を使って考えることが好きです。二を掛ける掛け算（つまり二倍）は，二の倍率で拡大することです。二で割る割り算（つまり，半分に切ること）は，二で縮小しているように見え（そして感じられ）ます。これは，二を取り除いているのではなく，元のサイズの半分に縮小しているという意味です。二は，全体の数量を拡大したり縮小したりするときの拡大縮小率で，まるである種の抽象的な拡大縮小コピー機に入力しているような感じです。

掛け算は，口頭ではよく「の」を使って表現されます（英語では「of」）。「八個**の**この美味しいマフィンをください」「おい，ぼくのマフィン**の**三分の二，誰か食べたな！」ある数量に分数を掛けることは，それのどれだけか特定するためで，ちょうどある数量に三を掛けるのが，それを三個持つことであるのと同じようなものです。

ですから，一と二分の一掛ける六の意味は，六を一と二分の一セットほしいという意味で，それは，六のまる一セットと，追加として六の半分，すなわち三であるということです。つまり，$1\frac{1}{2}\times 6=9$。

もしくは，$1\frac{1}{2}$を$\frac{3}{2}$として考えることもでき，そうすると，「六の半分三個」に興味があるということで，ちょうどその言葉どおり，三個の「六の半分」を意味し，つまり三個の三ですから，先ほどと同じように九になります。あるいは，お好みであれば，6をコピー機に入れ，2で縮小して3で拡大していると考えることもできます。順番を逆にして,最初に3で拡大し(18になります)，それから2で縮小して9にすることもできます。みなさんがここまですべて理解して，これほど多くのおもしろい選択肢があることを楽しく感じているとよいのですが。

実は，ちょうどもう一つ思い浮かびました。掛け算の対称性を使って，一と二分の一掛ける六は，六セットの$1\frac{1}{2}$とみなすこともできるのです。二セットなら3になり，三二が六ですから，六セットはまた，三個の三と同じになります。

一般的に，コピー機のたとえが一番うまくいくと思います。たとえば，$2\frac{1}{3}$の$3\frac{1}{2}$セットがほしいとします。このようなことは現実でも実際に起こります(たとえば，レシピの量を調整するときなど)。進め方はたくさんありますが，私が通常行いたい方法は，まず最初にすべて純粋な分数項で表すことです。$\frac{7}{2}\times\frac{7}{3}$。それから，それぞれの数をコピー機の指示として見るのです。つまり，1という数をコピー機に突っ込み，7で拡大し，3で縮小するように入力します。そうすると，$\frac{7}{3}$が出てきます。それから，また7で拡大し，2で縮小すると，$\frac{7}{2}$を掛けたことになります。1（何であろうと，単位があるならその単位）ではじめ，（順番は関係なく）全部で，7の倍率で二回拡大，2の縮小率と3の縮小率で合わせて二回縮小しました。49で拡大し，6で縮小したといいかえることもできるでしょう。また別の言葉を使うと，$\frac{49}{6}$という数を得たことにもなります（そして今，私が原稿をガラスの上に置きっぱなしにしてしまったので，コピー機がうるさい警告音を鳴らし続けています）。

さて，$\frac{7}{2}\times\frac{7}{3}=\frac{49}{6}$だとわかりました。もちろん，この数量を$8\frac{1}{6}$と書きなおしたければ，どうぞ書きなおしてください。ベーカリーで働いていて，何カップもの小麦粉をはかる必要があるのなら，ぜひそうしてください。満杯の八カップに加えて六分の一カップのほうが，六分の一カップを四十九回すくうよりも，絶対ずっと少ない回数ですくえるでしょう。けれども，もしあなたが数学者で，数そのものに興味があるのなら，$\frac{49}{6}$はもっと便利で情報のある表現かもしれません。一つには，明確に掛け算での分数のふるまいを見せてくれます。二つの分数を掛けるには，単に分子同士と分母同士を別々に掛けることができるということを。これは例のコピー機の解釈が見せてくれたことです。とても素敵で，だからこそ私はこの方法が好きなのです。

$2\frac{1}{3}$の$3\frac{1}{2}$セットと，$3\frac{1}{3}$の$2\frac{1}{2}$セットでは，どちらのほうが大きいですか？

分数の割り算は，日常生活でそうしょっちゅう起きるものではありませんが，たまに次のような場面が起きることも想像できるでしょう。大型桶に入っている200ガロンのメープルシロップを，いくつもの容器に注ぎ入れる必要があります。それぞれの容器には$1\frac{1}{3}$ガロンずつ入ります。容器はいくつ必要でしょうか？

基本的には，$1\frac{1}{3}$を掛けたときに200になる数は何かを尋ねています。ほかの言い方をすると，200を$1\frac{1}{3}$で割ると何になるかです。奇妙かもしれませんが，200個のジェリービーンズを$1\frac{1}{3}$人で分けようとすることと同じです。掛け算の対称性のおかげで，どちらの見方も楽しめることになります。

この状況をさらに分析する前に，掛け算と割り算について何か気づかれたかもしれません。ある意味，この二つは同じ類のことなのです。たとえば，二で割ることは，二分の一を掛けることと完全に同じです。ですから，私たちのコピー機には実のところ縮小ボタンなど必要ないのです。ただ，二分の一や三分の一などで拡大すればよいだけのことです。拡大と縮小の区別，大きくすることと縮めることの区別は，単に1より大きい数を掛けるか，小さい数を掛けるかの違いなのです。おそらく人間はそれを気にするかもしれませんが，数はまったく気にしません。二を掛けるか，二分の一を掛けるか，どちらにしても，掛けることなのです。

もちろん，二倍にすることと半分にすることが同じだとか，2と$\frac{1}{2}$が同じ数だと言おうとしているのではありません。けれども，この二つには密接なつながりがあり，その片方で割ることは，もう片方で掛けることと同じなのです。これを逆数関係と呼び，英語ではreciprocal relationship（「行ったり来たり」という意味のラテン語reciprocareが語源）です。2と$\frac{1}{2}$の数は相互に逆数だといえます。

これは，この二つが掛け算で逆の効果をもっていることを意味しています。二倍を取り消す一つの方法は，二分の一を掛けることです。別の言い方をすると，2と$\frac{1}{2}$はお互いを取り消すことができるのです。つまり，まず2で拡大し，それから$\frac{1}{2}$で拡大すると，元どおりになります。$2\times\frac{1}{2}=1$だからであり，1の倍率で拡大するのは何もしないのと同じです。ですから，お互いに逆数である二つの数の積は1になります。ある数の逆数はその数の掛け算パートナーになり，それと掛けると1になります。つまり，$\frac{1}{2}$は2の逆数で，2は$\frac{1}{2}$の逆数なのです。

$\frac{2}{3}$の逆数は何でしょう？

私たちは割り算をしているとき，ある暗黙の質問をしています。望む合計を得るには，何を掛ける必要があるのかと。100

÷7を計算することは，実のところ，七が何個あれば100になるのかを聞いています。あるいは，もっと思わせぶりに尋ねると，100に7を「反掛け算する」とどうなりますか？

ある数を掛けることを，数量に対する行為だと考えると，割り算はそれと逆の行為だと考えられるでしょう。7による掛け算を取り消すには,7で割ります。あるいは,すでに見たように,$\frac{1}{7}$を掛けます。これはなかなかおもしろい交換ができるということです。掛け算の取り消しを割り算（逆の行為）で行うかわりに，なんと別の掛け算で掛け算を取り消すのです。すなわち，取り消す責任を，演算から数そのものに移しています。七で反掛け算を行う（割る）のではなく，「反七」を掛けているのです。靴を履き，それを脱ぐ（これは，履くことと脱ぐことという二つの異なる作業が必要です）かわりに，全部履くだけにすると想像しましょう。朝靴を履き，夜「反靴」を履く，つまり私の普段の靴を取り消して無効にする逆の靴といえるものを履くわけです。靴がすべての作業をやってくれるので，私は何もする必要がありません。

では，数を$\frac{1}{2}$で割るとはどういう意味なのでしょうか？半分に分けるという意味ではありません。それでは二で割っていることになります。私たちは二分の一**で**割るのであり，二分の一**に**割るのではありません。たとえば5を$\frac{1}{2}$で割るのなら，$\frac{1}{2}$の何セットが5になるのか聞いているのか，5を得るには何を半分に切り分ければよいのかと尋ねているわけです。もちろん，それは十です。5を$\frac{1}{2}$で割ると10ですよね？　数を割ったら，より大きくなりました。この意味がわかりましたか？

1より大きい数で割ることは縮小することであって，おそらく私たちはそれに慣れています。しかしながら，ここでは小さい数で割っているため，必要な合計を成すにはより多くのセットが要るわけです。具体的には，五の全体をつくるために二分の一が十個要るということです。

ここに，逆数関係の美しさと対称性があります。2で割ることが$\frac{1}{2}$を掛けるのと同じであるように，$\frac{1}{2}$で割ることは2を掛けるのとまったく同じ結果を出すのです。

さらに深くこのふるまいを理解できるか考えてみましょう。私たちは割り算を掛け算の取り消しのようなものと考えています。例のコピー機に入力スロットと出力スロットがあるとします。ある数を入れると七倍になって出てきます。となると，七で割ることは，数をつかんで出力スロットに突っ込み，コピー機を逆操作することだと考えられます（実際のコピー機で試さないように！）。私が言いたいのは，この操作が，倍率が7ではなく$\frac{1}{7}$であること以外，このコピー機を通常通りに操作するのと同じということです。つまり再び，逆のプロセスを使うかわりに，逆の数を使う方法に交換しているわけです。

コピー機設定を，$\frac{2}{3}$を掛けるようにしました。プロセスとしては，二で拡大し，三で縮小するという意味です。もちろん，この逆（あるいは反対方向）のプロセスは，3で拡大し，2で縮小することです。それは，$\frac{2}{3}$で掛ける掛け算を取り消すために，ただ$\frac{3}{2}$を掛ける必要があるということです。分数の逆数はただ分子と分母を入れ替えるだけです。美しいほど予想外でありながら完璧に意味を成しています。

実はこのパターンには一つおもしろい例外があります。それはゼロという数です。ある数量をまったく何もない部分に分ける（それがどういう意味になりえるのかはともかく）理由のある人はいないでしょう。私がここで言いたいのは，もし割り算を逆数（あるいは，コピー機を逆に操作すること）による掛け算だと想定しなおすなら，ゼロによる掛け算と割り算の場合，このたとえが通用しないことを知っていなければならないということです。その理由は，ゼロによる掛け算が情報を破壊してしまうからです。どの数もゼロ倍するとゼロになります。ほかの言い方をすると，ゼロ倍率で拡大すると，何であろうとただの点に変わってしまうのです。何の数をコピー機に入れても，ゼロが出続けるだけ。これは，逆のプロセスがありえないという意味になります。ある行為はあまりにも破壊的で，元に戻せないのです。また，別の言い方をすると，何かの0倍は必ず0で，たとえば決して1にならないといえるでしょう。ですから，ゼロは（そしてゼロだけが）逆数をもてないのです。この小さな例外を除くと，どれもみんなうまくいきます。

そういうわけで，分数（分母が1だと考えれば，整数も含められます）で割ることは，その逆数を掛けるのと同じです。そして逆数は，すでに見た通りで分子分母をひっくりかえすことで簡単に得られます。便利で美しいことです。

数学ではよくあることですが，単純で簡潔なパターンに従うことは危険でもあります。視覚的かつ触覚的な記号操作を，単なる操作行為でなく，そういう定義だとうっかり考えてしまう危険があるのです。5×3は3×5を意味しません。この二つの数は等しくなりますし，それは美しく幸運なことですが，この二つは同じではありません。定義にないことなので，等しくなることを発見したら理由を考えるべきでしょう（たとえば長方形に並べた石の行列などを使って）。

同様に，割り算は「ひっくりかえして掛ける」という意味ではありません（義務教育の不運な犠牲者のなかにはそう信じている人がいるようです）。それはちょうど，靴を脱ぐことは逆靴を履くという意味ではないのと同じです。「意味する」とは，たまたま同じ結果になるということではありません。同じになるのは，観察し，考察し，推論し，解釈した結果です。数というものはページや画面上の記号ではなく，そして算術演算というものはこれらの記号の動きや変化のパターンではありません。しかしながら，表記が扱いやすいこのような方法で何もかも記号化できることは確かにすばらしく，決してけなしているわけではありません。事の真相について，自分の頭の中ではっきりさせておきたいだけなのです。

では，メープルシロップの例に（やっと）戻り，200ガロンのシロップを$1\frac{1}{3}$ガロンの容器に分けたいと思います。200を$\frac{4}{3}$で割れば，容器の数になります。お好みによって，$200\times\frac{3}{4}$，あるいは$\frac{600}{4}$と見ることもできます。これが，私たちが必要とする容器の数です。けれども，もちろん容器の$\frac{1}{4}$に本当に興味があるわけではなく，計測に使いたいのは容器まるごと（そして，望むのは穴のない容器）です。

四で割る（つまり四等分する）簡単な方法の一つは，二度半分にすることです。そうすると，600は300に，それから150になります。完璧です！　余りの心配はいりません。ですから，150個の容器に移し入れて200ガロンの桶を空っぽにすることができます。

もし201ガロンあったら，どうなるでしょうか？

まとめてみると，私が思うに，分数については次のようにいえるでしょう。まず，実用的日常世界では，けっして必要ありません。未だに時代遅れの帝国単位を使うアメリカのような後進国に住んでいても，必要な計算は全部計算機で行うことができます。すべてを同じ小数形式にして，機械にやらせればよいのです。そして，それぞれの場合に適切な桁数の近似値を使ってください。

もちろん人生には，ただ物事を完成させる以上のことがいろいろあります。学ぶこと，理解すること，喜び，愛，楽しみというものもあるのです。そして，数をはじめ，人間の精神が築いてきたさまざまな抽象的想像上のものに興味をそそられるのであれば，数学があります。数は，私たちが発見と探求をすべき美しくおもしろい性質をもち，分数はとりわけ優雅で興味深い数学的環境なのです。

分数は，特にきっかり正確な測定情報をもつことが得意です（だからこそ，実用的目的や科学的目的にとりわけ不向きなのです）。ある単位を繰り返し切り分けたり同じセットをつくったりすることで得られたどのような数量も，分子と分母をもつ純粋な分数の形で表せます。そして，このような数量は簡単に足したり引いたり掛けたり割ったり，それから比べたりできるのです。

最も単純なパターンは掛け算によるもので――分子と分母をただ別々に掛けます（たとえば，$\frac{2}{3}\times\frac{5}{7}=\frac{10}{21}$）。割り算も同じで，ただ逆数で掛ける掛け算だと見るだけのことです。たとえば，$\frac{2}{3}\div\frac{5}{7}=\frac{14}{15}$。

足し算，引き算，比較のために，私たちは通常同じグループサイズで表します。つまり，通分して分母が共通な分数にすべてをなおすことで，それぞれの分子だけで足し算や引き算や比較ができるのです。たとえば，$\frac{3}{4}$と$\frac{2}{3}$は，いったんそれぞれ$\frac{9}{12}$と$\frac{8}{12}$のように書きなおすと，とても取り扱いやすくなります。このようにすると，ただ8と9という二つの数を取り扱っているだけだとよくわかりますが，$\frac{1}{12}$を数えているという事実は影が薄くなってしまいます。分数の算術は本当のところ，ただの整数の算術（つまり数えること）なのです。あなたが単位についてしっかり把握している限りは。

$\frac{3}{5} \times \left(\frac{2}{7} + \frac{1}{3}\right)$ と $\frac{13}{11} \times \left(\frac{3}{5} - \frac{2}{7}\right)$ では，
どちらが大きいですか？

14. 負の数

実用的観点からは役立たずで不必要かもしれませんが，ここまでの新しい数——完璧な分数——は確実に単純で便利で，多くの美しく洗練された性質をもっています。そして，現実世界の寸法を，分数を使ってこちらの思うままに高精度なものへ近づけられるおかげで，より考えやすく扱いやすく単純化された，現実の数学的モデルをつくることができるのです。現実の机の上には，有機化合物が悪夢のようにごちゃごちゃあります。木材繊維，水，油，言うまでもなく，イエダニや細菌もそこらじゅう這いまわっています。このけばだって毛だらけで揺れ動いている原子の塊を想像上の完璧な長方形に置き換えると，複雑性からすっかり解放され，単純性と正確性が支配するもっと静かで平和な世界に移ることになります。

もちろん，これをよいと考えるかどうかは，あなたが何をしているか，何を気にするかによります。机に色を塗って飾りつけるつもりなのに，机の角があいにくとても丸いのであれば，その事実をあなたの数学的モデルに取り込む必要があるかもしれません。私たちはみんな単純化したがりますが，ときにやりすぎて，大事な情報を取りこぼしてしまうことがあるのです。

同じことが計測するときも起こります。巻き尺を使って机の上を測ったら，（およそ）$32\frac{1}{2} \times 18\frac{3}{16}$インチでした。これを

32×18の長方形とみなすと，不十分かもしれません。何をするかによって，無視した半インチが問題を引き起こすかもしれないのです。いっぽう，私たちが気にしない，もはや違いがわからないレベルの精密さ（おそらく極度な細かさ）というものもあります。たとえば，ここで私たちは，八分の一インチより小さいものは喜んで無視できると仮定します。そうなると，$18\frac{3}{16}$はもっと単純な$18\frac{1}{4}$に丸められ，私たちの机は，きっかり$32\frac{1}{2}\times 18\frac{1}{4}$の寸法の数学的長方形で，モデルを作成できるわけです。もし縮小したければ，たとえば四分の一インチを私たちの単位として使い，小さく縮小したモデルをつくることもできます。また，これらの分数をそれぞれ$\frac{130}{4}$と$\frac{73}{4}$に書きなおすと，私たちの抽象的長方形が，整数の寸法130×73だと考えることもできます。これで，実際の木製物体から離れて，もっと持ち運びしやすく便利な想像上の物を使って，色を塗り飾りつける計画を進められるようになりました。

科学者やエンジニアは大半の時間をこのようなことに使っています。取り組んでいる問題の単純化された数学的モデルをつくりあげ，数学的物体が従う精密で簡潔なパターンを使い，そのモデルで問題に取り組むのです。そして，うまく適応するように必要な概算を行い，それを現実に移しなおします。この場合，数学を「モデル専門店」とみなすことができるでしょう。つまり，現実を便利に単純化したモデルの供給源です。

しかしながら，数学者には，供給源と使用目的が逆になります。興味の対象は抽象的な想像のうえでのパターンであり，現実は単にモデルをつくる材料の出どころです。もし私が完全な想像上の長方形を考えたければ，机か紙を，雑なつくりで疑いもなく不正確な物理的モデルとして使えます。もちろん，このように不細工でつまらない物体が，実際の数学的真実をもっているわけがないことは明白です(特に，厳密な計測値は得られません)。そうであっても，アイディアを与え，観察と理解に導いてくれるのです。ですから，私のような数学者にとって，この現実がモデル専門店です。これはプラトンの観点にも似ています。現実世界の物体は単に真の理想化された数学的形状の影なのです。

特に，数そのものがこのような二面性をもっています。五つのレモンがカゴに入っている，身長五フィートである，とあなたが言うと，それは(少なくとも暗黙に)大まかな現実世界のことを述べているのだと誰もが理解します。「レモン」や「フィート」が厳密に何を意味するのかという質問は一般的に問われません。そういうことはあまり考えずに，フィートやレモンを無視してその状況を数学的にモデル化し，単に五という数を使う情報を記号化しがちです。

けれども，抽象的に，五とは何なのでしょうか？　五個の何？五個の一と言えるでしょうが，そうなると，数学的に「一」は何を意味するのかを考えなければなりません。現実に関わることから分離すると，単一であるとは正確に何なのでしょうか？

この問題に関する（私が思うに，学者ぶった狭い視野である）ギリシャや中世思想の長い歴史は無視して，現代数学者が数をどう考えているか，もしくは，少なくとも私が数をどう考えたいかを説明します。

現代数学の視点は短いフレーズにまとめられ，それは代数学者のモットーとみなせるでしょう。「数とは数のふるまい」です。つまり，数が何であるかはあまりたいしたことではなく，数がどのようにふるまうのかが大事なのです。数のふるまいこそ，数を定義する特徴であり，暗黙の内容説明に等しいのです。泳いだりガーガー鳴いたりしているのに，それでもアヒルとは何かということが本当に気になりますか？

数学はパターンの学問です。もちろん，ここで意味しているのは抽象的なパターン，つまり数学的現実のパターンです。数や三角形など，数学的構造は多様多種のおもしろい性質をもっていますので，それらにある種の存在物の形を与えないでおくことは，ほぼ不可能です。それらは数学的世界における「生き物」になり，私たちが発見するさまざまなパターンはそれらの生物たちの「観察されたふるまい」なのです。

こうなると，数は数量というより，実在物のような感じになり，つまり互いに作用し合い，不思議で複雑な算術的ダンスをしている生き物のようです。

それで，$\frac{2}{3}$という数は，板チョコや一メートルの定規など，何かの数量の三分の二を表しているというよりも，抽象的に「3

を掛けたときに2になるもの」と考えられます。想像上の数学的実在物として，行為によって完全に定義されて意味が限定されるわけです。三で掛けて二になる性質のものなら何でも，三分の二であることの具象化といえるでしょう。

さて，二そのもの，また三そのものとは何であるのかと，あなたは問うかもしれません。その二つがすることは何なのかと。現代的見方において，二や三のような整数は単に足し算の結果です。3は2＋1の略で，2自体は単に1＋1の略。

では，1とは何でしょう？　確かに，責任転嫁はどこかで止めなくてはなりませんよね？　それぞれを，ほかのそれぞれで定義し続けるわけにはいかないでしょうが，もしかしたら，できるのでしょうか？

実のところ，これはできるのです。たとえば，ゼロという数はそのふるまいで定義できます。無を表す記号であるとか，レモンがまったくないときのレモンの数であるとかいうのでなく，ゼロという数を，何かの数に足してもその数を変えずにそのままにする，とても特別な性質をもつ実在物と考えられます。

同じように，1という数も，それを何かの数に掛けてもその数を変えずにそのままにするものと定義できます。ここで私たちはこの二つの数ゼロと一を，たいへん特別な生き物として見ています。現実世界のイメージ（すなわち，小さな集まりのサイズ）で考えるのではなく，演算的に，つまりそれぞれのふるまいやほかの数的実在物との関係から考えます。ゼロを，何もない無を数える，何もない無であるということとしてではなく，(少なくとも足し算では) 何もしないものとして見ているのです。

それでは，足すとは何でしょう？　小石の集まりをまとめていっしょにすることではないのでしょうか？　数のことを，数えることやはかることでなく，抽象的な意味での「ふるまい」だと考えるなら，足し算や掛け算のような演算をどう考えるのでしょうか？　数えることなしに，どう足し算がありえるのでしょう？

再び，現代の考え方では，具体的な現実世界の観念の出どころを忘れて，そのふるまいのパターンに注意を集中させます。この質問は，足し算とは何かとか，何を意味するかではなく，どのようなパターンをもっているかということになります。足し算を，その他の行為から区別して特徴づける，外面上のふるまいは何でしょうか？

さあ，今こそ，何らかのたとえを使うべきでしょう。檻の中にたくさんハムスターがいて，あなたはその行動に興味があることにします。観察していると，一部のハムスターがさまざまなお決まりの交尾行為やその他の社会的行動を行い，またあるハムスターがハムスター社会の中で特別の身分をもっているようなことに気づくかもしれません。すべてのハムスターがもっている一般的な性質 (たとえば，どのハムスターも頭蓋骨をもっています) もあれば，それぞれ個別のハムスターを唯一無二で特別にする個性もあります。これは，現代の数学者（少なくとも，ここにいる一人）が数に感じることとほぼ同じです。

特に，私の想像上のハムスターたちは，普通のハムスターができないことをするのが好きで，「いっしょになる」ことでほかのハムスターを形づくるのが好きです。生殖などのたとえをこじつけて使うこともできるのでしょうが，あまり適切ではありません。数学的演算（足し算や掛け算など）というものは，実のところ新しい数を「つくる」ことはないのです。すでにあるものを相互に関係づけるのです。演算について考える最も単純な方法は，ふるまいやプロセス，つまりいっしょにしたり結合させたりではなく，もっと抽象的に「割り当てること」として考える方法です。つまり，それぞれ一対のハムスターに対して，単にある特定の一匹のハムスターを，その一対の「和」として割り当てるのです。こうして，算術演算というものはすべて同じ足場を得て，どれも一対の数に対して数を抽象的に割り当てることと考えられます。さて，問題は，さまざまな割り当てのパターンはそれぞれどう違うのかということになります。

そこで，私たちが（数学者として）尋ねる質問は，足し算が何をするのかです。まったくでたらめにハムスターを一対のハムスターに割り当てることと，足し算はどう違うのでしょうか？　まず第一に，足し算は対称的です。二つの数を足すのに，その二つの順番はどうでもよいのです。これはどの演算にもある性質ではなく，たとえば割り算にはありません。三割る五は，五割る三とはまったく異なります。いっぽう，五足す三は三足す五と等しくなります。これは，三や五の数がもつ特質ではありません。何の数でも関係なく，いえることなのです。

これは，普遍的性質の例であり，たとえていえば，一部の特別なハムスターだけでなく，すべてのハムスターのもつ性質になります。これを示す一つの方法は，一般式を書くことです。たとえば次のように。

$$\square + \triangle = \triangle + \square$$

四角と三角は，それぞれどんな数が入ってもよいことを表していますので，この式は，二つの数の和は，その二つの数の順番がどうでも同じになるということを教えてくれます。このような性質を演算が可換性をもっているといいます。英語ではcommutativeといい，「交換する」という意味のラテン語，commutareが語源です。とにかく，これは確実に伝統的な足し算がもつ性質で，二つの集まりをいっしょにすることは，対称性のある行為です。

ほかに，ここで話す価値のある足し算の普遍的性質は何かあるでしょうか？　実のところ，私たちが普段ほぼ無意識に使っているのに，けっして些細なことでない，重要な足し算の性質があります。私たちは，いくつもの複数の集まりをいっしょにすることができ，そのとき，どれを先にやるかの順番はどうでもよいのです。足し算という行為は，二つの数だけでなく，好きなだけ多くの数で行うことに広げられるのです。

いわば（少なくとも最初は），足し算は二項演算です。つまり，ある数を一対の数に割り当てるだけです（私たちのハムスターには，このような行為を二ついっぺんにできるよう訓練しました）。それなら，最初の二つを足し合わせ，その結果に三つ目の数を足すことで，三つ含むことができます。すなわち，2，3，7をいっしょにするために，この三つの数に，（2＋3）＋7という存在物を割り当てます。もちろん，ほかの誰かは，ほかの方法で対の組をつくるかもしれません。たとえば，2＋（3＋7）。幸いにも，足し算の場合，この二つの方法は必ず同じ結果になります。ですから，次のような普遍性があるわけです。

$$(\square + \triangle) + \star = \square + (\triangle + \star)$$

これは絶対に，無作為に選んだ演算がみなもっている性質ではありません（実際，引き算や割り算にすら当てはまりません）。このとても便利な性質をもつ演算は，結合性があるといわれます。英語ではassociative（「仲間」を意味するラテン語のsociusが語源）。足し算をするとき，複数の数はとても仲がよく，どの順番でグループ分けされてもかまわないという意味です。また，わずらわしい括弧を全部取り払い，単純に2＋3＋7と書いても，曖昧さはないということも意味しています。

そういうわけで，足し算という演算は（数を一対の数に割り当てることとして），これら二つのすばらしい普遍性をもつことで，すでにほかの演算とは区別されます。そしてすでに見たように，掛け算も同じようにこの二つの性質を両方とももっているのです。すなわち，たくさんの数をいっしょに足す（もしくは掛ける）場合，何をするにもまったく順番の心配をしなくてよいということです。ほとんどの演算がもっていない，非常に便利で贅沢な性質です。

二つの数の平均値を求めることを，
平均値演算◊と定義します。
（たとえば，3◊5＝4，9◊3＝6，4◊1＝$\frac{5}{2}$）。
この演算には結合性がありますか？

すでに，足し算と掛け算が対称性によって，ほとんどのほかの演算から差別化できることを見てきました。こうして比べるともう，引き算と割り算は魅力に欠けて不格好に見えます。純粋に美的観点から言うと，足し算は美しい姫で，引き算は醜いヒキガエルです。

実のところ，現代のアプローチでは，引き算と割り算を究極的には余分で不必要な演算としてともに省いてしまいます。これは，現代数学の視点が導いた興味深く予期できなかった結果です。これから説明しましょう。

これらの「劣った」演算を，より優れた対称性をもつ仲間の反対や逆とみなすことが自然であると，前に見てきました。つまり，たとえば8－5のように，二つの数の引き算をするとき，本当は足し算の問題になっています。5に何を足したら8になりますか？　8－5の記号すら，ある存在物に名前をつけて説明しているものと考えることができます。「五に足したとき八になるもの」と。

もちろん，こうした存在物にはすでに名前があり，それは3です（ほかにもたくさん名前があります。たとえば1＋2，12÷4など）。8は3から，5を足すというプロセスによって得られるので，同じように，3は8から，逆のプロセスを行うことで得られるといえます。逆のプロセスとはつまり，5を引くことで，5を足したのを取り消すことです。

これは，逆のプロセスが対称的だとは限らず，元のものとは別のふるまいをするかもしれないということです。足し算は美しく交換性と結合性をもつのに，引き算と呼ばれる「足し算の取り消し」はどちらももっていません。割り算と掛け算についても同じことがいえます。これは，なかなかおもしろいことになります。人生のさまざまな場面を思い出してしまいます。何かをやらなかったことにするのは，元の何かをやったことほど単純でも簡単でもないのです。たとえば，卵を床に落としたことを考えてみてください。ジグソーパズルは根本的に非対称のおかげで成り立っています。一つの写真を何百もの小さなピースに切り分けるのは簡単ですが，それを組み立てなおすのは時間がかかり骨の折れる作業です。子猫の鼻の一部になる，ほんのわずかピンクの部分があるピースをさがしたり。

とにかく，私たちには学んで理解したい演算があり，それらを取り消す能力があると便利に（かつおもしろく）なります。けれども，行為を取り消すことは，元々やったときほどうまくいくとは期待できません。

この話のついでに，引き算には，私たちがまだ考えてこなかった，さらに醜い性質があることを指摘しておきましょう。引き算は，対称的になれないだけでなく，意味を完全にもちそこねてしまうこともよくあるのです。私たちは，五引く三が，三引く五と同じになるかどうか心配しはじめるより前に，そもそも「三引く五」とは何を意味するのかという，もっと深刻な問題に立ち向かわなくてはなりません。

小石の集まりのような考え方では，このようなことはナンセンスです。石は三個しかないのに，どうやってそこから五個取り去るのでしょう？　三個取って何も残さないことは確かにできますが，それでもまだ，あと二個取り除く必要があるのです。どうしたら何もない無から何かを取り除けるのでしょう？

小石の現実世界では，もちろんできません。けれども，数学のよいところは，物理的に可能かどうかに関係なく，何でもやりたいことができることです。何らかの理論的に筋の通った構造を想像し発明できれば，それはすぐ数学的現実の一部となり，数学のほかのこと同様にすっかり「現実」になるのです。

ここでの問題は対称性――というよりも，その欠如です。足し算では，手持ちの数が何であろうと，そして，私がどんな数をそれに加えたがっても，それらの和は完全に有効な存在物で，すでに数（あるいは，イメージのほうをお好みならハムスター）の世界のなかで存在しています。しかしながら，引き算では，喜ばしくない制約があります。取り去る数は，手持ちの数を越えられないのです。三に足すと五になる数はすでに確実にありますが，（今のところ）私たちの数はどれも，「五に足すと三になるもの」の役を務められないのです。この類のことを，数学者は鼻にしわを寄せていやがるものです（少なくとも，私の鼻にはしわができています）。

実用的で常識的なタイプの人であれば，おそらくただ肩をすぼめて，これが普通でそういうものなのだと言うかもしれません。引き算には非対称性がつくりつけられているのです。結局のところ，足し算は物をより大きくすること。そうですよね？だから，手持ちより多くを取り去ることはできないというのは，理屈にかなっています。あなたのような数学的夢想家は，ただ現実を直視しなくてはなりません。ほしいものはいつでも得られるわけではないのだと。

ところがなんと，そんな考え方は，ばかばかしいのです。実際，ほしいものは手に入ります。問題は，何らかの数が欠如していることのようです。ならば，それをつくりあげればよいのです。そもそも分数にしても，私たちが余りをかけらに切り分けようと思いつくまで，なかったではありませんか。単に，私たちが必要な役割を務める新しい数を発明できないでしょうか？　私たちを止めるものは何もありません。

実のところ，これは数学における大きなテーマです。ある種の構造があり，それは現実世界の状況から生まれたのかもしれませんが，そうではないかもしれません。いずれにしても，今は純粋に想像上の数学的構造で，私たちはそのパターンや性質を探求したいのです。ある時点で，何かが不愉快にも欠如していることを発見するかもしれません。そして，その構造が何らかの意味で不完全であると感じられ，もっと豊かで充実していたらと願います。そうすれば，美的目標をさらに充足できることでしょう。可能な限り最も洗練された方法でパターン化した情報をもつために。これは「拡張問題」として知られることです。既存の構造（私たちの場合は，数と演算の世界）を取り上げ，新しい存在物をそれに加えて改良します。願わくば，すでにあるよい性質や対称性を何も失わずに。

要するに，引き算をよりよくふるまわせるために，ある新しい数をつくり出すわけです。どんなものからどんなものを取り去ることも可能にしたいのです。とりわけ，無から何かを取り去ることができるように。たとえば，二に足したときゼロになる数がほしいのです。

これを行う一つの方法は（少なくとも比喩的には），羊の群れを想像することです。ありふれた普通の種類の羊といっしょに，「逆羊」とでも呼べるものを想像しましょう。逆羊は普通の羊そっくりなのですが，一つだけ，異なるおもしろい性質があります。それは，羊一匹と逆羊一匹が出くわすと，ただちにお互いを無効にし合って二匹とも消えてしまうという性質です。そのような羊がいないことは知っていますので，これは単なる仮定の話です（実際のところ現代物理学によれば，このような逆羊はじゅうぶん存在でき，つくり出せるものです。ただし，法外に高価になります）。大事なのは，これで二匹の羊に加えると無になるものを得られたということで――それは，二匹の逆羊なのです。

実は，この考えについて前に話したことがあります。靴と逆靴です。演算を存在物に交換する考え方です。ちょうど，靴を脱ぐという行動を，逆靴を履くということに交換したように，羊の引き算を，逆羊を足すことと交換できます。たとえば，五匹の羊がいて，そのうち三匹を取り除きたいとすると，一つの方法は，三匹の逆羊を連れてきて，そのまま自然に任せることです。

もっと抽象的に（そして，ずっと平和に），私たちは単に「逆二」という存在物を考え出すことができます。逆二とは，「それに二を足すとゼロになるもの」と定義されます。もう想像上の羊はまったく必要ありません。逆二は何の集まりも数も必要とせず，それだけでもう，演じる役をもつ役者なのです。

もちろん，ここで話しているのは，いわゆる「負の数」の発明（もしくは発見。お好みにより）についてです。ゼロより少ない（あるいは，少ないと解釈できる）数量や寸法。これはかなりどこでも見かけるものになり，とりわけ気温が（完全に恣意的な）零度より低くなる寒い気候の地ではよく見かけることでしょう。ノースダコタ州の人はみんな，気温がマイナス二十度のとき，零度になるにはあと二十度暖かくなる必要があると知っています。

今日これは普通で当たり前のことのようですが，歴史上，負の数量は往々にして疑いをもたれ，本来の正規の数でなく，経理上のごまかしのように考えられてきました。実際，ルネッサンス期の商人たちは，けっしてこのようなものを使いませんでした。収支は一般的には別々に記録され，二つの別の色のインクが使われました。黒を利益に，赤を損失に（これが「赤字」「黒字」の由来です）。黒い数と赤い数を別々に合計して，それを比べたのです。

ある時点で，誰かが気づいたのに違いありません。経理や簿記で必要なさまざまな足し算と引き算を行うと，その最終的な合計は，それを行う順番とは関係ないということを。それは，お金を使うために，それにじゅうぶんなお金がなくてもよいということです（それ以後も，多くの人が嘆かわしい方法でこれを発見しています）。ゼロより少なくなるというのは，単に借金があるという意味です。ですから，負の数を商業用語で考えたいのなら，それは借金の額になります。

この考え方は，逆羊のたとえのように，「具象化」の一例です。具象化とは，抽象的な考えをもっと現実の触れて感知できるものにすることです。私たちには，純粋に抽象的な数学的構造（この場合は負の数）があり，それをもっと楽に感じ，直感できるよう習得するために，この種の具体的なイメージや現実世界の似た物を使うわけです。私たちは知的で想像力が豊かかもしれないとはいえ，結局のところ，やはり手と目と経験をもつ霊長類です。そして，私たちの頭脳は，得られる助けは何でも使えるのです。

ですから，このような新しい生き物を数学的に存在させるために，想像上のものを使う必要はありませんが，温度計や何匹かの逆羊をときおり頭の中に登場させても，けっして損になりません。

では，計画を進めましょう。2や5のような，普通の「正の数」それぞれに，それに加えるとゼロになる性質をもつ「負の数」のパートナーをつくることにします（つまり，基本的に，私たちのハムスターの集まりを倍にしたわけです）。おそらく，黒い数と赤い数と呼ぶこともでき，それぞれの色で書くこともできるでしょう。けれども，印のようなものを使うだけで二つを区別したほうが，ずっと簡単（そして，ずっと安価）です。慣習的表記である，負の符号（－）は，確かに少々紛らわしく，引き算の記号であるマイナス記号（－）にそっくりです。後で見ていくように，これにはもっともな理由があり，いったん慣れてしまえば大変便利です。けれども，同じ（あるいは，ほとんど同じ）記号が二つの違う意味になるのは，たとえ（そして，もしかしたらとりわけ）それぞれが示す考えが密接に関係していても，いつも少々やっかいです。

とにかく結果的に今私たちには，－2（読み方は「マイナス二」）や$-\frac{5}{3}$（「マイナス三分の五」）のような数があり，そのような数がもつ唯一無二の機能は，自分のパートナーを消滅させることです。つまり，－2が生きていくためにやることは，2に加えられたときに0をつくることだけで，次のようになります。

$$2+(-2)=0$$

ご覧のように，プラス（＋）記号を負の符号から分けるために，私は－2を括弧の中に入れて表記したくなりました。実のところ，それはけっこうばかげています。数学表記の困った問題は，しばしば，費用対効果を高めようと印刷屋が間に合わせで済ませることにより起きるのです。すでにある活字を使うほうが，新たな活字を彫るより簡単だということでしょう。

とにかく，2と－2は，羊と逆羊のようなものです。いわば，お互いを無効にし合うわけです。そして，これは対称的な関係です。－2が「逆二」として働くだけでなく，2自体も－2を無効にする「逆逆二」の働きをしているのです。ですから，私たちは負の符号を，二種類の数を区別する単なるラベルとして考えるべきではなく，それぞれを相反する符号の数，すなわち反数に変えてしまうもの，すべての数に働く「反数にする演算子」として考えるべきでしょう。－２の意味は２の反数（先ほどの，マイナス二）で，－（－２）が意味するのはマイナス二の反数，つまり２として知られるものということになります。

－0とは何でしょうか？

さて，今私たちには，二つの数を含む「引き算演算」と，単一の数に働く「反数にする演算子」の両方があります。そして，紛らわしいことに，この両方は基本的に同じ記号を使うのです。いっぽう，この二つの間には緊密なつながりがあります。一つには，－２は引き算０－２の省略だと考えることができます。そもそも，私たちはそうするために－２という数をつくったのです。何もないところから二を取り除いたら得るものとして。もっと一般的にいうと，何かから二を引くことはマイナス二を足すことと同じです。二匹の羊を普通に連れ去るか，それとも，かわりに逆羊を二匹放りこむか，どちらでもかまいません。

これは，永遠に引き算なしでも済むことを意味しています。引き算が行うことは，反数を足すことだけです。いったんみんなが反数を手にしてしまえば（今手にしています），引き算をするために足し算を使えるわけです。いったん逆靴を好きに使えるようになると，「履く」だけで事足りるのと同じように。

これはよい知らせです。演算のような大きく高価なものを，安くてたくさんいる想像上のハムスター何匹かと交換して処分できるのなら，それは必ずやる価値があります。これで，やらなければならないことは足し算だけ。対称的なので，足し算のほうがよいのです。

実のところ，私たちは今，引き算の非対称性へのおもしろい窓を得たことになります。足している数の一つだけが反数にされるのです。たとえば，3＋(－2)は明らかに対称的でなく，2が反数にされているのに，3はされていません。

現代の抽象的な考え方では，反数にすることを意味するために無効の概念は必要ありません。このパターンは単に，それぞれの数は，足し合わせるとゼロ(ゼロは何にいつ足しても何もしないことを思い出してください)になる性質をもつ別の一つの数(その反数である負の数)と連携しているということです。

この視点を魅力的に(そしておそらく，無意味で紛らわしく)しているのは，これらの存在物が，決して数量である必要がないことです。つまり，そもそも数でなくてもよいのです。それらが何であるかなどかまいません。大事なのは，それらがどのようにふるまうかだけ。もしそれが，こちらが望むようにふるまうならば，私たちはそれでじゅうぶんだと言って満足します。もしそれがゼロのように鳴き声をあげるのなら，それはゼロなのです。

ですから，これらの新しい負の数を，正のパートナーと同じように，すっかり現実であるとして受け入れましょう。数学全体が，頭の中でつくりあげられたゲームなのですから，数学的にはまったく問題ありません。もっと実用的に，すでに議論したさまざまな具象化もあります。たまに不安を感じても，逆羊，借金，それから温度計などが不安を和らげてくれるでしょう。

さて，ここで問題になるのは，私たちの新しいハムスターがどう仲間たちと仲良くできるかということです。前からいるハムスターとも，それからほかの新しいハムスターとも。足し算の場合は，特に羊を使って考えるとかなり明白です。5＋(－2)＝3，それから(－1)＋(－1)＝－2。いっぽう，引き算ではおもしろいことが起きます。引き算が足し算の逆であるというのなら，－2を引くことは，2を足すことと同じになるでしょう。別の言い方をすると，二匹の逆羊を追い出すことは，二匹の羊を加えることと同じなのです。

この理屈を楽しく理解するために，二匹の羊と二匹の逆羊を群れに加えると想像してみましょう。これらを足し合わせると無になりますので，何も変わることはありません。けれども，ここで二匹の逆羊を取り除くと，羊の数が二匹多くなることが簡単にわかります。

借金の場合の解釈はどうなりますか？

足し算が何かをより小さくしたり，引き算が何かをより大きくしたりすることがある，というのは，最初奇妙に感じられました。しかし，この新しい数の体系は，実際優れた改良で，演算を行うのに，はるかに美しく対称的な数環境を与えてくれます。私たちはもう，何の心配も制限もなしに，自由に足したり引いたりでき，すべての数は反数をもち，パターン（たとえば，足し算の対称性）は変わらずそのままなのです。そのうえ贅沢なことに，もしあなたが希望して，足し算専門家に徹するのであれば，引き算をゴミ箱に放り込んでもよいのです。

でも，掛け算と割り算はどうでしょうか？　私たちは負の数をつくり出したとき，そのような数が足し算のときにどうふるまうかしか考えませんでした。つまり，パートナーといっしょになるとゼロになるということだけ考えました。掛け算については指示し忘れてしまいました。そもそも，$(-2)\times(-3)$にどのような意味をもたせたいのですか？　何かの-2セットなんてものを，どうつくるのでしょう？　何かを「負の数」倍にする方法を私は知りません。

これは確かに，何かの具象化が必要です。理想的なことに，なんとか反数を組み入れた新しいコピー機のたとえを使うことができそうで，これは負の数の掛け算に直感的な意味を与えるのに役立ちそうです。実際，これを行うよい方法があるのですが，少々気をつけなくてはなりません。再びこれは拡張問題で，つまり，掛け算の意味をより広い世界へと拡張する必要があるということです。もちろん，ただ恣意的に行うことはできるでしょう。結局のところ，(−2)×(−3)に意味がないのなら(今のところ意味はありません)，それをただ42なり$-5\frac{1}{2}$なりと呼んで，これらの積すべてに好き勝手な値を割り当てて済ませられないでしょうか？

確かにそれもできるかもしれませんが，私たちの美しいパターンや対称性すべてを損なう危険を冒すことになります。現代的アプローチは，パターン自体に私たちの選択を命じさせるという方法です。私の美しいパターンをそのままにできる限り，(−2)×(−3)が何に選ばれようと，私はかまいません(ステンドグラスがあまりにも美しいので，それを使って大聖堂を築くようなものです)。

とりわけ，掛け算の対称性を失うとしたら心が痛みます。ですから，(−2)×(−3)という数が何になるか決めるには，とにかく何であっても，(−3)×(−2)と同じになるほうがよいでしょう。でなければ，私はかなり気分を損ねることになります。

これが私たちの第一の要求です。対称性を保つこと。このために，実際，いくつかの決断を強いることになります。たとえば，二倍ということで何を意味したいのか私は知っていますから，2×(−1)が意味すべきこともわかります。逆羊一匹の二セットは逆羊二匹。つまり，2×(−1)＝−2。どうしても対称性を保とうとするのなら(もちろんそうします)，(−1)×

2も−2を意味するよう，強制的に選ぶはめになります。

これが私たちの最初の意味の拡張ですので，はっきりさせておきたいのです。もともと，掛け算はセットをつくるということでした。3×5の意味は「五の三セット」。今，私たちはそれを少々変えています。(−1)×2の意味を「二のマイナス一セット」とするのでなく(これでは意味をなしません)，「それが対称性をそのまま保つのに必要なものなら何でも」としています。

もちろん，同じことが2のかわりに5であってもいえます。−1がいくつあるかは，逆羊が何匹いるかと同じですから，5×(−1)=−5。別の言葉を使うと，単に逆羊を数えているだけです(羊を数える逆ですから，ずっと眠れないでしょうか？)。一般化していうなら，もし逆羊をコピー機に入れて縮小か拡大をすると，より小さい逆羊かより大きい逆羊を得ることになります。たとえば，$\frac{2}{3}\times(-1)=-\frac{2}{3}$。$\frac{2}{3}$に縮小された逆羊は$\frac{2}{3}$に縮小された羊をきっかり無効にします。対称性を保つことは，$(-1)\times 5=-5$と$(-1)\times\frac{2}{3}=-\frac{2}{3}$を選ぶことを，私たちに強いるわけです。

これで，実際かなりよい解釈を得ました。ある数に−1を掛けることは，単にそれを反数にするのです。反数にすることは−1を掛けることだと解釈しなおしたければ，それもできるのです。

同じように，−2を掛けることもまた，この方法を用いることができます。－2の五セットは－10(私は逆半を考えています)ですので，(－2)×5も同じにしたく思います。つまり，－2を掛けることは，2倍かつ反数にすることで行われます。これは，－2を(－1)×2であると考えても理屈が合います。そうなると－2で掛けることは，－1と2の両方で掛けることと同じになり，両方の効果が出ることになります。

もう，再びコピー機のたとえを活用することは難しくありません。負の数にどうふるまってほしいのかわかっているのですから。反数にすることは，元の効果を取り消すためにそれ自体をひっくり返すプロセスです。だから，それを取り消すには，また反数にするだけです。ちょうどコインをひっくり返して，反転させるように。反数にすることは，反射映像のようなもので，数をゼロの反対側に移します。それでは，実際の反射映像のようなものにたとえてみましょう。拡大や縮小に加えて，私たちのコピー機に「反転」コピーをする機能をつけ加えるのです(多くの現実のコピー機にも，きっとこのような機能があることでしょう)。

今，拡張した掛け算演算の，とても単純な具象化をしています。正の数で掛ける場合は，前にやったように，ただの拡大縮小の倍率となりますが，負の数で掛けると，その拡大縮小は逆転します。

必ずや対称性が維持されると決めたことからの帰結の一つは，二つの負の数の積は，どうあっても正の数にならねばならないということです。たとえば，（－2）×（－3）は6と等しくなくてはなりません。－3を二倍にして反数にすると，そうなるからです。もう一つの考え方では，1の数をコピー機に入れ，－3で拡大（つまり，三倍してひっくり返す），そしてまた－2で拡大縮小，すなわちまた二倍にしてひっくり返すように設定します。明らかに，これはただ6で拡大するのと同じです。肝心なのは，このすべてのプロセス――拡大し，縮小し，ひっくり返す――はどの順番で行うこともでき，二回ひっくり返すのは，まったくひっくり返さないのと同じだということです。

負の数の逆数が何であるべきかを考えるのは難しくありません。－2を掛けたものを元に戻すには，$-\frac{1}{2}$を掛けるだけでよいのです。$-\frac{2}{3}$の逆数は$-\frac{3}{2}$でなくてはならないでしょう。一つの負の符号を消滅させるためにもう一つの負符号が必要なのです。英語圏のことわざでは，悪事に悪事で仕返ししてもよくはならないと言い，二つの悪事で一つのよいことは起きないわけですが，どうやらこれは，まるで二つの悪事から一つのよいことが生まれるようなものです（もちろんゼロは引き続き逆数をもちません。前と同じ理由からで，このような破壊的な掛け算を元に戻す方法はありません）。

負の数による割り算は，逆数による掛け算であると定義することもできます。そうすると，さらによいことに，割り算すべてを余分で不必要な演算としてすっかり省けるのです。

これで完全に対称的な数環境になりました。何でも，いつでもあなたの希望通りに，足したり，逆足したり，掛けたり，逆掛けたり, 自由にできる場です。この体系は, 正と負の分数（これには，もちろん5，0，－3のような整数も含まれます）で成り立っていて,「有理数体」と呼ばれます。ここでの「有理」は, これらの数が整数比（すなわち分数）を用いて表せることを指し，別に「理がある」として集められた数ではありません。有理数体は，算術に適した設定（少なくとも完全に数学的な意味では）で，探求と遊びのために豊かで肥沃な土地を提供してくれます。

ゼロという数を2種類ほしいとしましょう。
ほかのどの数に足したときでも，その数を変えないという特質をどちらのゼロももっています。
何かおかしくないでしょうか？

15. 数える技術

さて，とても美しいものをお目にかけましょう。数えるという単純な考え，つまり，あるものがいくつあるのか知りたいという考えに戻りましょう。算術の職人技――比較という目的のために記号化した数情報を整理して並べなおすこと――についてはすでに語ってきました。今度は，審美的な面，美しく数える技術について話しましょう。

もちろん,数えたいものが,手あたり次第に集めた偶然の情報,たとえば今日のレシートの総額とか，電話帳の記載項目数などであれば，腕まくりして古きよき数え上げと算術を行うしかありません。残念なことに，美的な要素はほとんどないでしょう。

しかしながら，数えようとしているものに何らかのパターンがあり，整然としていて対称性をもっていれば，賢く想像力に富む方法で数えることができ，実際に長い時間数えてうんざりしなくて済みます。当然，これにはかなり余計な頭脳労働が必要かもしれませんが，それは数学者一般が抱いている次のようなモットーをふまえてのことです。「一生懸命喜んで考えるべし。いかなる実作業からも逃れる賢い方法を見つけるために」

それゆえ，一つひとつ数え上げるというような長く飽き飽きする単調な骨折り仕事から逃れるとともに，優美で強力な方法を得るという最上の満足も手にでき，実際に役立てた後も，この満足感が喜びを与え続けてくれることでしょう。

では,息をのむような美しいアイディアをお見せしましょう。私たちは数えたくて数えています。数えたいのは美しいもの——それ自体に簡潔で優美なパターンがあるものです。

まずは,この美しいデザインからはじめましょう。

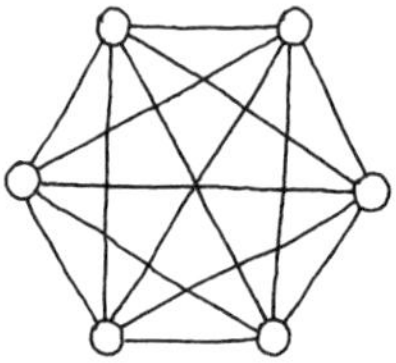

六個の点をつないだ形で,どの点もほかのすべての点と一本の線でつながれています。これ以上パターン化して対称的にすることはあまりできないでしょう。では,質問です。全部で線は何本あるでしょうか?

もちろん,一本一本数えることはできます。気をつけて数えれば,十五本であるとわかるでしょう。けれどもそれでは,数え手として,なんだかみじめではありませんか? 「一本忘れたかな? 待てよ。こっちの一本はもう数えたかな? しまった。わからなくなってしまったかも?!」

こんなことは御免です。私は,このようなストレスには単純に耐えられません。こんなにも美しいものには,もっとよい方法があるはずです。一つのやり方は,数え忘れや重複が起こらないように整理して数えることです。自然な方法としては,まず一個の点を見て，そこから出ている線を数え，数えたものに印をつけることでしょう。それから次の点に移り，そこから出ている印のない線を数えるといったふうに続けます。

実際，これはなかなかきれいなものになります。最初の点には五本線があり，次の点には四本……と続き，なかなかよいパターンです。線の本数の合計は次のようになることがわかるでしょう。

$$5+4+3+2+1=15$$

最後の点には，新たな線がまったくありません。すでに全部数えられてしまったからです（本当のところ，この足し算は最後にゼロを足しているのだともいえるでしょう）。明らかに，いくつ点があろうと，この考え方はうまくいきます。たとえば，もし点が十一個あれば，線の本数の合計は次のようになります。

$$10+9+8+7+6+5+4+3+2+1=55$$

この考え方のすばらしいところは，ただ数えているだけではなく，数えるパターンがあることです。とても単純で頑強なアイディアで，点の数がいくつになっても，どれだけ大きくなってもうまくいきます――ついでにいえば，どれだけ小さくなっても。三つの点なら，このパターンは，$2+1=3$本の線になるはずだと教えてくれます。それはぴったり正解で，三角形には辺が三つあるのです。この方法はおもしろいほどうまくいきます。数が並ぶパターンだけではなく，点が極度に少なくてもこの考え方が完全に意味をなすのですから，なかなか見事です。

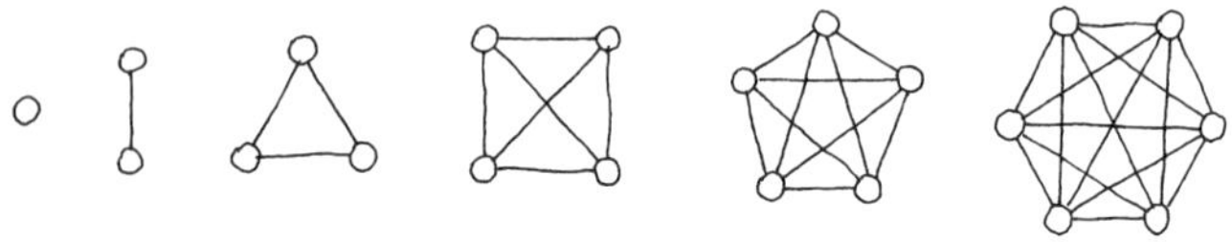

この問いについて考える，さらに簡潔でおもしろい方法を紹介しましょう。「意図的重複」と名づけたいものです。まずはとてもシンプルかつ簡単に数え，その結果は間違いであるものの，その間違いはとてもシンプルかつ簡単に修正できる，というわけです。

六個の点それぞれを見てください。どの点からも線が五本出ています。六個の点で，それぞれ五本の線。6×5のように思えます。けれども，もちろんこれは間違いです。何本もの線を二度数えてしまっています。実のところ，全部の線を二度数えてしまったのです（両端それぞれから一度ずつ）。これは，先ほどの6×5の本数が正しい値のぴったり2倍に違いないという意味ですから，ただそれを半分にすればよいのです。つまり，次のようになるでしょう。

$$(6 \times 5) \div 2 = 15$$

私は，意図的重複がいつでも大好きです。何やらわくわくしながら的はずれなことをしているような気がするのです。そのうえ，なんという速さ！　連続する数の長いリストを足し合わせるかわりに，二つの数を掛けて，それを二で割るだけです。

これもまた，一般化できます。点がいくつあろうと等しくうまく使えます。点が十一個あれば，「十一個の点それぞれに十本の線だから，全部で110になるけれど，二重に数えたから，本当は55」と考えます。前と同じ結果ですが，もっと優雅に達成できました。

ついでに，同じものを二つの異なる方法で数えることで，とても美しい算術のパターンを明らかにしたのです。

$$
\begin{aligned}
1 &= (1\times 2)\div 2\\
1+2 &= (2\times 3)\div 2\\
1+2+3 &= (3\times 4)\div 2\\
1+2+3+4 &= (4\times 5)\div 2\\
1+2+3+4+5 &= (5\times 6)\div 2
\end{aligned}
$$

1からある数まで連続する数の合計は，単にそのある数をその次に大きい数と掛けて半分にしたものと同じなのです。

これを理解するための別のよい方法は，石を並べて行の長さを増やしながらつくった三角形を，頭の中に思いうかべてみることです。

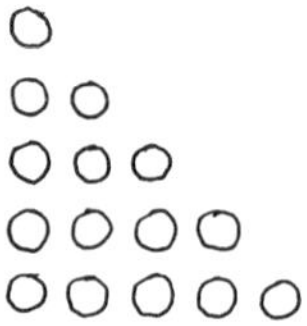

この配置は明確に１＋２＋３＋４＋５の足し算を表しています。さて，ここで知恵を使います。この配置を二つ，うち一つをひっくり返して組み合わせると，なんと５×６の長方形のできあがり！

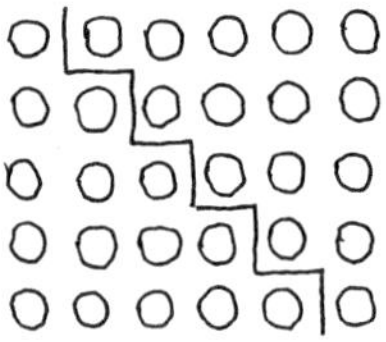

これでまた，元の和が，長方形の半分，すなわち（５×６）÷２と等しいに違いないとわかります。

ここでは，計算も比較もたいしてやっていません。私はそんなことより，これを見てどう考えるかに興味があるのです。特に何かのサイズではなく，数一般のふるまいを理解しようとしているのです。こうした理由で，私たちは，あまり伝統的な意味での算術を行いません。たとえば，（５×６）÷２の式のほうが，算出された値15より実際もっと価値があり，この論理の構造が現れています。本当のことを言うと，石や点や線がいくつあるのかなど，私にはどうでもよいのです。私が気にするのは，その考え方がもつパターンです。1から99までの数を合計すると$(99 \times 100) \div 2$になるという考え方がわかり，私はとてもうれしいのですが，それがどのくらい大きいのか，あるいはインド・アラビア十進法の形式でどんな見かけになるのかは，どうでもよいのです。

奇数だけを足し合わせると，どうなるでしょうか？

次の優美な数え方の例として，本当に単調でありふれたもの，自動車のナンバープレートについて考えてみましょう。ナンバープレートのナンバーには，いったいいくつの組み合わせがあるのでしょう？　私が子どもの頃，カリフォルニア州のナンバー形式は，アルファベットの三つの文字の後に三つの数字でした。こんな感じです。

その後，自動車台数が驚くほど爆発的に増加したため，その前にもう一桁追加しなくてはならなくなり，この本を執筆している現在，その桁はすでに7まで来ています。

もちろん，今道路にいったいいくつのナンバープレートがあるのかを尋ねているのではありません。それは，まったく行き当たりばったりの集まりで，ありとあらゆる種類の醜い現実世界の複雑性に左右されています。私が興味をもっているのは，三つの文字と三つの数字の可能な組み合わせの合計数です。少なくとも，その瞬間に人びとが自動車で何をしているかにまったく関係ありません。

では，このような大量のものを，どのように数えるのでしょう？　もしあなたがマゾヒストであれば，何らかの方法でナンバーのリストを手で書きはじめ，うっかりどれかを二度数えていないかどうか，何度も確かめながら進めることもできるでしょうが，そんなことなら，空の星や自分の髪の毛を数えたほうがよいでしょう。このやり方は，三つの文字とそれに続く三つの数字のすべての可能な並び方という，私たちが数えているものの対称性や構造をまったく活用していません。これを考えるには，ナンバープレートについてすっかり忘れて，私たちの対象をただの抽象的な記号列だと見るほうがよいかもしれません。私は，これらの記号列を数える単純簡潔な方法を見つけることに興味をもっているのです。それで自動車管理局が何をするかについては，まったく興味がありません。

多くの数学の問題と同じように，小規模で簡単なものからはじめるのがよいでしょう。ここでは，私たちの記号列がアルファベットの一文字と，ゼロから九までの数字一つでできていることにしましょう。つまり，次のようなものを数えています。

A 5, Q 9, B 7, F 0, Z 5, T 4

このような組み合わせでも，全部のリストをつくることは，やはり本当に私がやりたいことではありません。しかしながら——そして，これこそ数える技術の大事な考え方の一つなのですが——そのようなリストを想像することを止めるものは何もありません。実際に何かを書きとめようとはまったく思いませんが，それでも，リストのイメージを頭の中に浮かべていろいろ試すことはできるのです。

「仮想リスト法」とでも名づけましょう。これは，リストを整理して，規則正しくパターン化した部分に小分けにして数えやすくする方法（もしくは少なくともその原理）があるかどうか考えるためです。そして，それぞれ部分ごとに数え上げ，算術を使って合計します。

文字一つと数字一つのナンバープレートの場合なら，この方法は特に難しくありません。整理整頓が得意な規則正しい人なら，仮想リストをどのようにつくるでしょうか？　自然に考えると，まずはアルファベット順にするでしょう。最初にAで始まる数列，次にBで始まるもの，というふうに続けていきます。このようにしてできた仮想リストは章のような小区分に分けられます。A章，B章ときてZ章まで。

リストを等しいサイズの二十六章に分けることこそが，（すでに明らかかもしれませんが）この整理方法を価値あるものにしています。各文字の後どの数字でも続けられるので，各章には記号列がきっかり十個含まれます（これを番号順のリストにすると考えることもでき，そうすると，Ａ章はＡ０で始まり，Ａ１，Ａ２と続きます）。

これは，記号列を一つも書き出さずに，合計を計算できるということです。二十六章あり，それぞれの章に記号列が十あるのです。つまり，26×10＝260が組み合わせの合計になっています。

こうもうまくいった理由は，章のサイズが全部同じだったために，掛け算を使えたからです。もし，リストをもっと不規則なやり方で，ばらばらのサイズの章に分けていたら，それらを全部足さなければならず，一苦労したことでしょう。ですから，仮想リストをつくってまず重要なのは，可能であれば，等しいサイズの章に分けることです。

1960年代のカリフォルニアという元の設定に戻り，アルファベット三文字，数字三文字でできた記号列のリストをつくることを想像しましょう。前にうまくいったように，今回も最初の文字で章に分けられます。そして，それぞれの章を，二番目の文字でさらに分けられます。選んだ最初の文字ごとに，26文字の可能な二番目の文字があるので，この区分の合計数は26×26になります。

もちろん，この各区分は，選ばれた三番目の文字によってさらに小分けでき（実際に文字列を列挙しているのでなくて，ほっとしていませんか？)，三文字で小分けにしたものを合計 $26 \times 26 \times 26$ つくることができます。この小分けしたそれぞれの区分には，ナンバープレートがきっかり千ずつ含まれます。数字部分が000から999までになるからです。あるいは，文字を小分けにするとき使った方法と同じように，$10 \times 10 \times 10$ と考えてもよいでしょう。

つまり，ナンバープレートの組み合わせが，正確に次の数だけありえるということです。

$$26 \times 26 \times 26 \times 10 \times 10 \times 10$$

私たちは，少々頭を使ったおかげで，膨大な肉体的苦労から救われたわけです。加えて，これが正しいことがわかっています。この方法では，どれも必ず一度ずつ数えられていることが保証されているからです。

これは，車二千万台のナンバープレートに足りるでしょうか？

この種の方法の別の例として，カジノ（あるいは，ネバダ州ならたいがいの場所）にある三リールのスロットマシンを想像しましょう。サクランボ，レモン，そしてラッキーセブンなどの一組の絵柄が，リールごとに描かれていて，表示窓から見えるようになっています。

これらスロットマシンは，オドメーター（また登場です）やほかの機械的計数機に，爪がないこと以外はかなり近いものです。それぞれのリールは完全にほかから独立していて，このおかげで数えやすくなっています。一つ目のリールがとりうる状態それぞれに対して，まったく同じ数のとりうる状態の組み合わせがほかの二つのリールにも，つまりどのリールにもあります。一つ目のリールがレモンになっていても，ほかの二つのリールには何の影響も与えず，邪魔にもなりません。

各リールには六つの絵柄が描かれているとします。すると，とりうる結果の仮想リストは，六つの区分に（一つ目のリールの絵柄で）分けられます。そのそれぞれの区分には小区分が六つあり，その小区分には六つの実際の絵柄が入ります。ですから，合計6×6×6の組み合わせがありえるということです。

となると，ここに，たいへん一般的で多目的に使える数え方があることになります。あなたが数えたいものを，独立したリール（あるいはスロット）のスロットマシンにあてはめて考えられれば，単に各スロットがとりうる結果を掛け合わせるだけでその合計数を計算できるのです。ナンバープレートの場合なら，とりうる結果が26通りのスロットが三つあって，そのあとにとりうる結果が10通りのスロットが三つあったということになります。

ロードアイランド州のナンバープレートは
QZ458のような形式です。
この形式では最大いくつのナンバープレートまで
対応できるでしょうか？

ギャンブルの話ついでに言うと，人びとは運に左右されるゲームのおもしろさと興奮を楽しむことに加えて，このようなゲームにお金を賭ける価値があるのかどうか，合理的に判断しようと試みるときがあります。つまり，どれだけ勝てそうなのか，だいたいのところを測ろうとするわけです。勝てる保証がないことは明白ですが，いっぽうで，ほかと比べて起こりやすい事象があります。ある事象の起こりやすさを測るために大変よく使われる方法は，その事象が何通りありえるのかを，ありえる結果すべての合計数と比べることです。

たとえば，あなたは，私たちが考えたようなスロットマシンで賭けをしているとします。三つのリールそれぞれに，絵柄が六個ずつあります。ですから，6×6×6＝216がありえる結果すべての合計数です。もし当たりの組み合わせが777とサクランボ三つだけだとすると，当たりの事象は二通りありえるわけです。当たりの可能性は，216通りのうち2通りしかありません。これは比の形にでき，2/216の確率だといえます。また，約0.9%ともいえるでしょう。さらにいいかえると，あなたの成功の見込みは214に対して2であり，これはありうる結果の合計216のうち，214は不利な結果で，有利なのはわずか2だけということです。こうした起こりやすさを測ることも，結局は数えることなのです。

トランプをシャッフルしました。
一番上のカードがスペードか絵札であることは，
どのくらい起こりそうでしょうか。

さて，もっと上級の数え上げ問題を見てみましょう。これもまた，私の子どもの頃に関わることです。私は切手収集や世界の国々に興味をもち，とりわけさまざまな旗に夢中だったのです。さて，ことを単純にするために，フランスやイタリアの旗のように，縦に三つのストライプがある旗だけに限定して考えてみましょう。

フランス

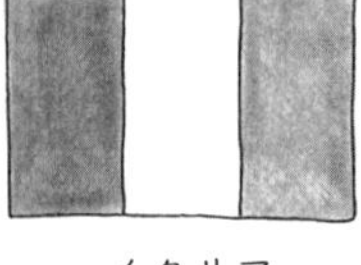
イタリア

もちろん，実際に使われているこのような旗の数を数えようというのではありません。世界政治ほど，簡潔さや数学的なことからかけ離れたものはあまりありません（次々と生まれては消える新しい国々を，私はまったく把握できていません。ましてや，その国々がどんなひどい旗を採用しているかなど，知るべくもありません）。そうではなく，私たちは自分たちで建国して，次の四つの色まで選択肢を絞ったのだと考えましょう。赤，黒，黄色，緑。その中の色を使って，縦三分割ストライプの旗をつくることに決めましたが，まだそれぞれのストライプの色を何にするか決めていないのです。

スロットマシンの考え方に当てはめると，各ストライプはスロットで，各スロットには四つのとりうる値があると考えられますので，4×4×4＝64のデザインがつくれることになります。けれども，これには，黒－黒－赤，あるいは緑－緑－緑というような（おそらく許されない）組み合わせも含まれてしまい，それは私たちが意図するものではありません。それぞれのストライプを違う色にして，重複しないようにしたいのです。つまり，私たちの選択には制限があり，それゆえに，少々おもしろいことになるわけです。

もちろん，また仮想リストをつくり，それをうまく区分けすることもできます。実のところ，スロットマシンの考え方も使えますが，少々おもしろく知恵を使う必要があります。旗のリストを一つ目のストライプ（左側とします）の色で章に分けます。しかしながら，次に二番目のストライプに使えるのは，四色のうちの三色だけになります。繰り返し同じ色を使えないからです。とはいえ，運よく，一つ目の色のどの選択肢に対しても同じ数です。使える色のセットは，最初のストライプに何を使ったかによりますが（たとえば，一つ目が緑であれば，二つ目は緑になりえません），とりうる色の数は同じで，三色です。

ですから，私たちの仮想リストは四章に分けられ，各章に三つの区分があります。最後に，この区分それぞれには，きっかり二つの旗が含まれます。最初の二つのストライプの色が決まると，三つ目の最後のストライプのためには二色だけ残るからです。たとえば，赤－黒の区分に入っているのは，赤－黒－黄と赤－黒－緑の二つのデザインです。

つまり，色の選択に制限をかけても，まだ何とか独立性といえるもの，数の独立性があるのです。まるでスロットマシンの最初のリールに四つ絵柄があり，二番目に三つ，三番目に二つだけあるようなものです。とりうる旗のデザインの合計数は，$4 \times 3 \times 2 = 24$。

もちろん，これは実際にすべてリストにして数えるにもじゅうぶん小さい数で，色鉛筆を出して描いてみても楽しいかもしれません。今までやったことがないのなら，ぜひためしてみてください。

24種類の可能な旗を全部描いてください。

そのうちどれが一番好きですか？

明らかに，数えるということは，ほかのすべての技術同様に注意と忍耐，そしてマスターするためには長年の経験を必要とします。仮想リストをつくり，独立性を気にするようになることは，すばらしいスタートです。

もし一つ目の色と三つ目の色が同じでもよいとしたら，どうなるでしょうか？

よくある場面の一つに，物体の集まり――たとえば本棚の本――があり，それを並べる順番がいくつあるか知りたいというときがあります。単純にするために，本をＡ，Ｂ，Ｃ，Ｄと呼ぶことにします。そうすると，さまざまな並べ方が単なる文字列になります。たとえば，ＤＡＣＢやＢＤＣＡ。いったいいくつあるのでしょうか？

一つ目のスロットには可能なものが4個あります。そして，二つ目には3個だけあり，一つ目に何が選ばれたかということからは独立しています。これは非常に重要です。それぞれ後に続く棚のスペースには，一つ少ない選択肢ということになり，それは残りの本がだんだん少なくなるからです。三つ目のスロットにはとりうる結果が二つあり，四つ目には一つだけです。つまり，最後の本は，それがどの本だったとしても，必ず最後のスペースに入るのです。

ここでもまた，ありがたいことに，数の独立性があるので，4×3×2×1＝24のとりうる結果があり，先ほどの三色旗と同じです。色が本質的に本と同じように働いたからで，ストライプが本棚の本の入る場所に当たります。使われない色が，最後の本の役目に該当します。

このようなことは，数えるときに非常によく起きます。二つの明らかに異なる数え上げ問題が，結局同じことになるのです。最終的な勘定が同じになるという意味ではなく，いったん正しい方法で考えれば，同じ問題になるという意味です。それこそが，数学者を数学者たらしめることなのです。物事を，できる限り最も単純に，最も抽象的に見て，それにより関連づけてさらに深く理解すること。この種の数学的洞察ほど強力で影響力があるものは，そうそうありません。

私たちが今発見したのは，数えるためのとても単純で一般的な原理です。いくつもの物，たとえば十三個の物があり，それを並べるとすると，その並べ方は次の数だけあることになります。

$$13 \times 12 \times 11 \times 10 \times 9 \times 8 \times 7 \times 6 \times 5 \times 4 \times 3 \times 2 \times 1$$

このような掛け算は，数え上げ問題でしょっちゅう必要になるので，省略する価値があります。これを13!と書き，「十三の階乗」と読むのが一般的です。感嘆詞が選ばれたのはなんだかおかしいのですが，これがほぼ標準になりました（ここでもまた，印刷屋はすでに手元にある記号から選びたかったのでしょう）。これによる大きな難点は，数について書いているとき熱狂しないように気持ちを抑えないといけないことです。「答えは5!」と書いたら，紛らわしいではないですか。

そういうわけで，三つの物体を並べるには，3!＝6の方法があり，あなたの靴一足の並べ方はもちろん2!＝2しかありません（普通の方法と，左右逆の履きにくい方法）。当然1!＝1で，一つの物の並べ方は一つしかありません。もしこれでは，細かいことまでじゅうぶんに言っていないと思われるのなら，0!＝1も紹介しておきましょう。空っぽの本棚のスペースの並べ方は一つしか――つまり，何もないことだけ！　とにかく，これはとても美しいパターンです。

七つの物の並べ方が五千以上あることを示してください。

もし二冊の本だけまったく同じで区別できなかったら，どうなるでしょうか？

上は物を整理して並べなおすという問題でしたが，別種の広範囲の数え上げ問題の中に，数多くの可能性の中から物の組合せを選び出すという形のものがあります。単純な例としては，二人の子に電球を取りつける手伝いをしてもらう必要があり，やりたい子が六人いる場合です。私は，六人から二人，手伝ってもらう子を選ばなくてはなりません。選び方はいくつあるでしょうか？

もちろん現実では，ただ彼らのなかから（どんな方法でもいいから）二人選んで，とっとと手伝ってもらいます。それでもやはり私は，実際いくつの選択肢があったのか考えるかもしれません。とにかく，考えてみましょう。

見事に作業から逃れるには，これが実のところ，点と線の問題と同じだと気づくことです。それぞれの点が子どもで，線がそのまま，とりうる二人組にぴったり該当します。ほら！　つまり，また15です。

では，今度は三人に手伝ってほしいとしましょう。三人のグループは，簡単に点と線で表せないので，もっと考えなくてはなりません。一つの賢い考え方は，意図的重複です。三つのスロットを埋める必要があり，スロット一つずつが手伝ってくれる三人それぞれに該当します。一番目のスロットは6通りの埋め方があり，二つ目は5通り（一番目の子はもう選べません），最後のスロットは4通りです。ですから，6×5×4の選択が可能です。もちろん，かなり数えすぎています。なぜなら，同じ三人組が何度もリストに現れてしまったからです。たとえば，最初にジェーンを選び，それからマイケル，最後にクリスを選んだことを，最初にクリス，次にジェーン，最後にマイケルを選んだのと別々に数えてしまいましたが，実際はまったく同じ三人組のグループです。スロットマシン式の数え方をしたせいで，今回の問題では数える必要のない，グループ内の順番までカウントしてしまったのです。

では，一つの三人グループは何度カウントされてしまったのでしょうか？　三人を並べるには，きっかり$3!=6$の方法がありますので，私たちは（わざと）うっかり各グループを六回もカウントしたことになります。ですからこれは，正しい答えの六倍ということです。それなら，六で割ればよいだけです。最終的な答えは次のようになります。

$$(6\times 5\times 4)\div 6=20$$

六人のグループから三人選んでグループをつくる方法は二十通りあるのです。数えることの専門分野では，このような，六個のものの中から三個のものを選ぶときに順序を考えないやり方の総数を，通常 $\binom{6}{3}$ と表します。これは割り算ではなく（横棒はありません），括弧もこの記号の一部で，単なる区切りではありません。

ですから，$\binom{8}{5}$は，八つのもののグループから五つのものを選ぶ方法の数を表していて，選ばれる順番も制限もないという暗黙の了解があります。前と同じ理由で，これは次のように計算できます。

$$\binom{8}{5} = (8 \times 7 \times 6 \times 5 \times 4) \div 5!$$

5!は，五つのもののとりうる並び順の数と一致し，それは一つのものを繰り返し数えた重複の回数です。比較したければ，この式の値を求めることもできます。この計算の単純な方法の一つは，5!をはっきり書き出して，上と下の共通因数を取り消すことでしょう。

$$\frac{8 \times 7 \times 6 \times 5 \times 4}{5 \times 4 \times 3 \times 2 \times 1} = \frac{8 \times 7 \times 6}{3 \times 2 \times 1} = 8 \times 7 = 56$$

つまり，八のグループから五つのものを選ぶ方法は，きっかり五十六通りあるわけです。

八人の人を四人ずつの二つのグループに分ける方法はいくつありますか？

おもしろい問題をやってみましょう。私はドーナッツ八個入りの箱を持っていて，チョコレート五個とココナッツ三個が入っているとします。もちろん，箱の中では好きなように並べてよいです。私は，ドーナッツの味を気にするだけで，各味の一つひとつのドーナッツの順番は気にしません。もし，チョコレートとココナッツを記号ＡとＢを使って表すと，箱の中の並べ方の一つは次のようになります。

A B A A B A B A

この並べ方で二つのチョコレートドーナッツを互いに交換しても，何の影響もありません。それでは，A五個とB三個の並び方は何通りあるでしょうか？

ここでは，ドーナッツでなく，スロットを物体とみなす考え方をします。必要なことは，八つの位置から五つを選び，それらの位置にAを置くだけです。そして，残りの位置にBを入れます。この方法で，合計は$\binom{8}{5}$だとすぐにわかります（たいした苦労もせずに）。

なぜこれは$\binom{8}{3}$と同じなのでしょうか？

三つ目の味を加えると，少々微妙なことになります。箱入りの十二個のドーナッツを想像しましょう。チョコレート五個，ココナッツ三個，スプリンクル四個。つまり，A五文字，B三文字，C四文字で成り立つ，十二文字の「言葉」の数をかぞえたいということです。このような言葉の一つは次のものです。

C A A B C A B A C C B A

ここで，意図的重複ができるかどうか考えてみましょう。もしどのドーナッツも見分けがつくのであれば，これは簡単で

12!（12の階乗という意味で，熱狂して12と言ったのではありません）。

この三つの味のドーナッツの問題を解けますか？
（あなたの論理が正しければ，合計27720の
ありえる並べ方にたどり着くはずです）

さて，ドーナッツの店にいるついでに，もう一つ私の大のお気に入りを紹介しましょう。良質の数え上げ問題だからこそ発想できる，独創的で想像力を使う考え方の完璧な例です。

ドーナッツ十二個入りの箱があり，今回はＡとＢとＣがそれぞれいくつずつでもかまわず，とにかく合計が十二個になればよいとします。箱の中の順番はどうでもよく，それぞれの味の数量だけに興味があります。ですから，Ａ２個，Ｂ３個，Ｃ７個が入っている箱は，私にとってはどれも同じです。でも，とりあえずここでは，すべての箱に，まずはＡ，続いてＢ，それからＣを入れるということにします。

この質問は次のように言い換えられます。12を三つの数の足し算に分ける方法は何通りありますか？　もっと正確に言うと，全部足すと12になる三つの数の並び方がいくつあるか数えたいのです。$2+3+7$は$7+2+3$と異なるものと考える必要があります。それぞれ異なる味の選択に該当するからで，たとえば，最初の数はＡの数を示しています。これは，一つ以上の数が0になる可能性も含み，6＋6＋0の足し算は，一箱にＡ6個，Ｂ6個，Ｃなしであることに該当します。

では，この集まりをどう数えましょうか？　確かに，仮想リストをつくり，それを何らかの方法で整理することはできるでしょう。たとえば，Ａの数でリストを分けると，まずは，Ａが一つもない場合の章，次にＡが一つだけの場合，Ａが二つの場合，といったふうに最後の章まで分け，最後の章は十二個全部Ａでほかはなしという一つだけになります。

この方法の問題点は，章が異なるサイズになることです。Ａなしの場合は山ほどありますが，Ａ十二個のときは一つだけです。これではかなりごちゃごちゃするでしょう。そのうえ，各章内の区分も同じことになるのです。参りました。

そこで，私が紹介したい，きわめてすばらしい考え方があります。まずは，とても実用的なことをやってみましょう。パンやドーナッツの店で実際によくすることです。異なる味の間にボール紙の仕切りを使い，チョコレートがココナッツの上にくっつかないようにするのです（この広い世界で私がとびきり大好きな二つのものなので，くっついてしまっても，私は気にしませんが）。とにかく，箱の中は，たとえば次のようになります。

AAA | BBBBB | CCCC

できる限り一貫させて対称性をもたせるために，ある味のドーナッツがまったくなくても，仕切りは必ず二つ使うことにします。たとえば，Ａ７個，Ｂ５個（そしてＣなし）の箱ならば，ＡとＢの間に仕切り一つ，それからもう一つを最後に置くようにします。

AAAAAAA | BBBBB |

ほかのおもしろい例としては次のようなものもあります。

| | CCCCCCCCCCCC
AAAAAA | | CCCCCC
| BBBBBBBBBBBB |

何がどうあろうと，仕切りは必ず二つで，その片側や両側にドーナッツがなくてもかまいません。

ここで私が好きなのは，仕切りを薄っぺらなボール紙やパラフィン紙だとするのではなく，偽のプラスチック製ドーナッツだと想像することです。そうすると，私たちの箱には十四個のドーナッツが入っていると考えられ，そのうちきっかり二つが偽物です。そして，偽物二つは，本物のドーナッツの並び方に対応して，どこでも必要なところへ置かれます。

さあ，天が開けて単純な真実が明らかになりました。私たちがやっているのは，十四の物から二つの物を選ぶというだけのこと――具体的には，偽物ドーナッツの仕切りの位置を選んでいるのです。ですから，この質問に対する答えは単に $\binom{14}{2} =$ 91。なんと見事なことでしょうか。

四つの味から選ぶとしたら，どうなりますか？

数える技術の奥深さ，美しさ，緻密さを，みなさんにうまく伝えられたことを願います。もちろん，そのすばらしさを味わう一番よい方法は，あなた自身の数え上げ問題と，特に，賢く知恵を使うあなた自身の解決方法を考え出すことです。では最後にもう一つだけ，珠玉の逸品を残して終わりにしましょう。

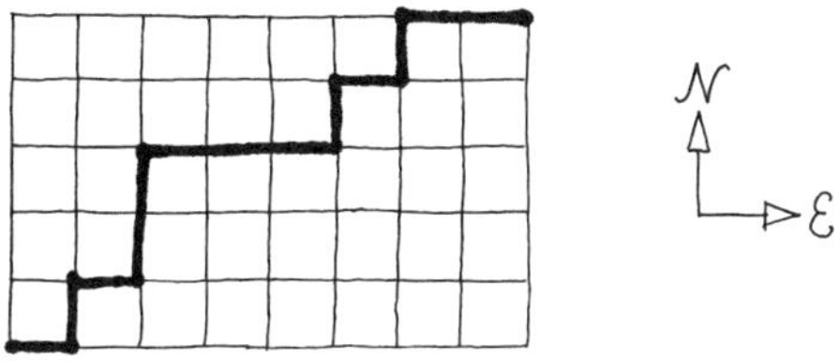

あなたの家から五ブロック北，八ブロック東にあるカフェで友達に会う約束をしました。
あなたは北か東の方向にだけ進めるとします。
行き方は何通りあるでしょうか？

おわりに

さて，読者のみなさん，ともに過ごす時間もいよいよおしまいです。ここまでの話すべてが，あなたにとって意味あるものとなったことを願います。算術の技術的詳細においても，また，さらに重要なことに，もっと大きな哲学的で審美的な視点からも。そして特に，思考を遊び場とみる考え方がうまく伝わっていてほしいです。その遊び場では，自分自身の喜びと楽しみのために美しいものを生み出し，つくりあげたものとまだ未知のものの両方に驚嘆することができるのです。この本で，どのようなレベルであろうと，数学の美しさを味わっていただけたとしたら，実に幸いに思います。

著者

ポール・ロックハート／Paul Lockhart

ニューヨークのブルックリンにあるセント・アン・スクールで数学を教えている。主な著書に，『Measurement』（Harvard University Press),『算数・数学はアートだ！：ワクワクする問題を子どもたちに』（吉田新一郎訳，新評論）などがある。

監訳者

坂井 公 / さかい・こう

筑波大学アソシエイト。神奈川大学非常勤講師。理学博士。1953年，北海道生まれ。東京工業大学大学院理工学研究科修士課程修了。専門は理論計算機科学。趣味は数学パズルとコントラクトブリッジ。主な訳書にP･ウィンクラー『とっておきの数学パズル』『続・とっておきの数学パズル』（共訳，日本評論社）S･ドリチェンコ『ロジカルな思考を育てる数学問題集（上・下)』（岩波書店），主な著書に『パズルの国のアリス（1･2･3)』（日経サイエンス社）などがある。

訳者

中井川玲子／なかいがわ・れいこ

国際基督教大学卒。ミネソタ大学社会学部修士課程修了。シリコンバレーのベンチャー企業や日系企業でハイテク企業とのビジネスに携わった後，翻訳家となる。主な訳書に，C･ワーリング『ひとくちサイズの数学』（ニュートンプレス）などがある。

Arithmetic《アリスメティック》
数の物語

2020年10月15日発行

著者　ポール・ロックハート
監訳者　坂井公
訳者　中井川玲子
翻訳協力　株式会社 メディアエッグ
編集　武石良平
表紙デザイン　岩本陽一
発行者　高森康雄
発行所　株式会社 ニュートンプレス
〒112-0012　東京都文京区大塚 3-11-6
https://www.newtonpress.co.jp

ISBN 978-4-315-52278-5
